FORSCHUNGSBERICHTE DES LANDES NORDRHEIN-WESTFALEN

Nr. 2128

Herausgegeben im Auftrage des Ministerpräsidenten Heinz Kühn
von Staatssekretär Professor Dr. h. c. Dr. E. h. Leo Brandt

Prof. Dr.-Ing. habil. Friedrich Asinger
Privatdozent Dr. rer. nat. Bernhard Fell
Dr. rer. nat. Abul F. M. Iqbal

Institut für Technische Chemie und Petrolchemie
der Rhein.-Westf. Techn. Hochschule Aachen

Die Hydrohydroxymethylierung
höhermolekularer α-Olefine

Springer Fachmedien Wiesbaden GmbH 1970

ISBN 978-3-663-20128-1   ISBN 978-3-663-20489-3 (eBook)
DOI 10.1007/978-3-663-20489-3

Verlags-Nr. 012128

© 1970 by Springer Fachmedien Wiesbaden
Ursprünglich erschienen bei Westdeutscher Verlag GmbH, Köln und Opladen 1970.

Inhalt

1. Einleitung 5

2. Die Alkoholsynthese nach REPPE 6
   2.1 Das Katalysatorsystem für die Alkoholsynthese nach REPPE 12
   2.2 Einfluß von Lösungsmitteln auf die Hydrohydroxymethylierung 13
   2.3 Die technische Durchführung der Butanolsynthese aus Propylen nach dem REPPE-Verfahren 14
   2.4 Literaturangaben über die Hydrohydroxymethylierung höhermolekularer Olefine 16

3. Versuche zur Hydrohydroxymethylierung höhermolekularer n-Olefine 16
   3.1 Allgemeines zur Versuchsdurchführung 16
   3.2 Lösungsmittel bei der Hydrohydroxymethylierung höhermolekularer Olefine 17
   3.3 Die Wirksamkeit verschiedener Amine bei der Hydrohydroxymethylierung höhermolekularer Olefine 18
   3.4 Einfluß von Temperatur und Druck auf die Hydrohydroxymethylierung von n-Octen-1 19
   3.5 Das Katalysatormetall bei der Hydrohydroxymethylierung der Olefine .. 20
   3.5.1 Temperatur- und Druckabhängigkeit der Hydrohydroxymethylierung von n-Octen-1 mit dem Katalysatorsystem Eisenpentacarbonyl/Rhodium/N-Methylpyrrolidin 21
   3.5.2 Einfluß der Rhodiumkonzentration auf die Hydrohydroxymethylierung von n-Octen-1 23
   3.5.3 Einfluß der Aminkomponente im rhodiummodifizierten Katalysatorsystem der Alkoholsynthese nach REPPE 24
   3.6 Untersuchungen über die Wirkung der Rhodiumkomponente des Katalysatorsystems zur Alkoholsynthese nach REPPE 27
   3.6.1 Umsetzung von n-Octen-1 mit Wasser und Kohlenoxid in verschiedenen Lösungsmitteln und Aminen unter Verwendung von Rhodiumoxid allein als Katalysator 28
   3.6.2 Rhodiumkatalysierte Umsetzung von n-Octen-1 mit Wasser und Kohlenoxid unter Verwendung von N-Methylpyrrolidin bei verschiedenen Temperaturen und Drücken 34
   3.6.3 Vergleich der Katalysatorsysteme Eisencarbonyl–Rhodium-Amin, Eisencarbonyl-Amin und Rhodium-Amin bei der Reaktion eines Olefins mit Kohlenoxid und Wasser 36
   3.7 Zeitlicher Verlauf der Hydrohydroxymethylierung von n-Octen-1 mit Kohlenoxid und Wasser in Gegenwart der verschiedenen Katalysatorsysteme 38
   3.8 Die durch Eisenpentacarbonyl-N-Methylpyrrolidin katalysierte Reaktion von n-Octen-1, Wasser und Kohlenoxid in Methanol als Lösungsmittel bei verschiedenen N-Methylpyrrolidin-Konzentrationen 49

4. Allgemeine Vorschrift zur Durchführung der Hydrohydroxymethylierung von n-Octen und zur Analyse der Reaktionsprodukte 51

    4.1   Gaschromatographische Untersuchung 52

5. Zusammenfassung 53

6. Literaturverzeichnis 54

1. Einleitung

Im Rahmen systematischer Untersuchungen der metallcarbonylkatalysierten Kohlenmonoxid–Olefin-Reaktionen studierten wir auch sehr eingehend die von W. Reppe und Mitarbeiter [1–4] 1942 bei der BASF/Ludwigshafen entdeckte Alkoholsynthese aus Olefinen, Kohlenoxid und Wasser:

$$\text{>C=C<} + 3\,CO + 2\,H_2O \xrightarrow{Fe(CO)_5/NR_3} \underset{\underset{H\ \ \ CH_2OH}{|\ \ \ \ \ |}}{\text{>C—C<}} + 2\,CO_2 \quad (1)$$

Als Katalysator wird in der Regel ein Eisenpentacarbonyl-N-Alkylpyrrolidin-Gemisch verwendet.

Wie aus der Gl. (1) ersichtlich, erfolgt rein formal die Anlagerung eines Wasserstoffatoms und einer Hydroxymethylgruppe an die Doppelbindung des Olefins. Diese Reaktion wird deshalb auch in Analogie zur bekannten Hydroformylierung Hydrohydroxymethylierung genannt. Da die Hydroxymethylgruppe an beide Kohlenstoffatome der Doppelbindung treten kann und bei höhermolekularen Olefinen eine Doppelbindungsisomerisierung als Nebenreaktion möglich ist, werden in der Regel isomere Alkohole gebildet.

Die Alkoholsynthese nach Reppe ist eingehender nur am Beispiel der Butanolsynthese aus Propylen studiert worden [4]. Hier hat sie auch eine gewisse technische Bedeutung erlangen können [6]. Höhermolekulare Olefine sollen der Reaktion weniger gut zugänglich sein; nähere Angaben über Umsatz, Ausbeute, Isomerenbildung usw. bringt die Literatur praktisch nicht [1, 3, 5–10].

Erst in neuester Zeit, als die vorliegende Arbeit abgeschlossen war, wurden von Matsuda und Nakamura [11] Ergebnisse einer eingehenden Untersuchung der Hydrohydroxymethylierung von n-Octen-1 und Cyclohexen veröffentlicht. Nähere Untersuchungen über den Einsatz anderer Metallcarbonyle in die Alkoholsynthese sind bisher nicht bekannt geworden.

Aufgabe der vorliegenden Arbeit war deshalb in erster Linie die Übertragung der Reppe-Alkoholsynthese auf höhermolekulare geradkettige Olefine, insbesondere solche mit endständiger Doppelbindung, und ein eingehendes Studium der Verhältnisse, die hier herrschten. Besondere Beachtung fand hierbei das Katalysatorsystem. Der Einfluß der Katalysatorkonzentration sowie eines Wechsels des Katalysatormetalls Eisen gegen andere Metalle auf den Reaktionsverlauf, die Isomerenverteilung und die Möglichkeiten der Beeinflussung der Isomerenbildung wurden studiert. Außerdem wurden Kombinationen von Metallcarbonylen als Mischkatalysatoren eingesetzt, um eventuelle Verbesserungen der Alkoholsynthese zu erzielen.

Im Rahmen dieser Arbeit wurden weiterhin die einzelnen Reaktionsparameter, wie Druck, Temperatur usw. sowie Reaktantenverhältnisse systematisch variiert. Verschiedene Amine wurden auf ihre Eignung für die Alkoholsynthese geprüft. Ferner wurden Überlegungen bezüglich des Einsatzes von Cokatalysatoren und bestimmten Lösungsmitteln, die einmal die Raum-Zeit-Ausbeute und zum anderen die Isomerenbildung günstig beeinflussen sollten, angestellt und die entsprechenden Versuche ausgeführt. Um einen vertieften Einblick in das Reaktionsgeschehen zu gewinnen, wurden schließlich einige Versuche zum zeitlichen Verlauf der Alkoholsynthese mit bestimmten Katalysatoren durchgeführt.

2. Die Alkoholsynthese nach Reppe

Die Alkoholsynthese nach REPPE unterscheidet sich von der bekannten Hydroformylierung (Oxosynthese) dadurch, daß

1. ein Carbonyl des Eisens statt des Kobalts als Katalysator fungiert,
2. im Gegensatz zu den bei der Oxosynthese verwendeten Kobaltkatalysatoren die Eisencarbonylkatalysatoren in beträchtlicher Menge angewandt werden müssen,
3. Wasser und nicht molekularer Wasserstoff als Wasserstoffquelle dient und schließlich
4. in einer Reaktionsstufe bei milderen Bedingungen Alkohole gebildet werden.

Ähnlich wie beim Oxo-Verfahren werden auch isomere Alkohole gebildet, doch ist der Anteil an i-Alkohol geringer; z. B. entstehen bei der Reaktion mit Propylen nur 15% Isobutanol.

Als Katalysator für die Hydrohydroxymethylierung von Olefinen werden Derivate von Eisencarbonylwasserstoffen verwendet, die sich unter den Reaktionsbedingungen (Temperatur, Kohlenoxiddruck) aus Eisenpentacarbonyl, einem Amin und Wasser nach der »Basenreaktion« HIEBERS [12-15] bilden. Es ist daher zweckmäßig, zunächst einen kurzen Überblick über die Reaktionsweise von Eisencarbonylen mit wäßrigen Basen zu geben, bevor die verschiedenen Anschauungen über den Mechanismus der Hydrohydroxymethylierung dargelegt werden.

Über die Existenz des $[Fe(CO)_4]^{-2}$-Anions in alkalischen Eisenpentacarbonyl-Lösungen wurde zum ersten Male von HOCK und STUHLMANN [16] berichtet und von FEIGL und KRUMHOLZ [17, 18] bestätigt. Die Säurenatur von $H_2Fe(CO)_4$ in wäßrigen Lösungen blieb zunächst noch unerkannt [19].

HIEBER und Mitarbeiter faßten die Reduktion von $Fe(CO)_5$ [13], $Fe_2(CO)_9$ und $Fe_3(CO)_{12}$ [20] mit alkalischen Lösungen nach dem folgenden allgemeinen Schema zusammen:

$$Fe_n(CO)_m + 4\,OH^- \rightarrow [Fe_n(CO)_{m-1}]^{-2} + CO_3^{-2} \qquad (2)$$

($n = 1, 2, 3$ und $m = 5, 9$ und 12)

KRUMHOLZ und STETTINER konnten auch zeigen, daß die Behandlung von Eisenpentacarbonyl mit Natronlauge im Molverhältnis 1:3 nach folgender Gleichung zum Eisenhydrocarbonylanion $[HFe(CO)_4]^-$ führte [21]:

$$Fe(CO)_5 + 3\,NaOH \rightarrow NaHFe(CO)_4 + Na_2CO_3 + H_2O \qquad (3)$$

Die auf diese Weise gebildeten Carbonylferrate sind allerdings meist instabil. So berichten STERNBERG und Mitarbeiter [10, 22], daß sich das $[Fe(CO)_4]^{-2}$-Anion leicht zum $[HFe(CO)_4]^-$ hydrolysieren läßt:

$$Na_2Fe(CO)_4 + H_2O \rightarrow NaOH + NaHFe(CO)_4 \qquad (4)$$

Man muß daher auch in stark alkalischen Lösungen mit dem $[HFe(CO)_4]^-$-Anion rechnen, obwohl laut Gl. (2) in solchen Fällen nur das $[Fe(CO)_4]^{-2}$-Anion entstehen sollte. Das Anion $[HFe(CO)_4]^-$ soll auch langsam zu dem Komplex I dimerisieren, der leicht 1 Mol Wasserstoff verliert, und es entsteht der Komplex II (siehe Gl. (5)).

Die Säurenatur der Metallcarbonylwasserstoffe wurde von REPPE [3] entdeckt und von HIEBER [13] näher untersucht. REPPE und Mitarbeiter [3] stellten weiter fest, daß Eisencarbonylwasserstoff in alkalischer Lösung durch Kohlenoxid unter Druck quanti-

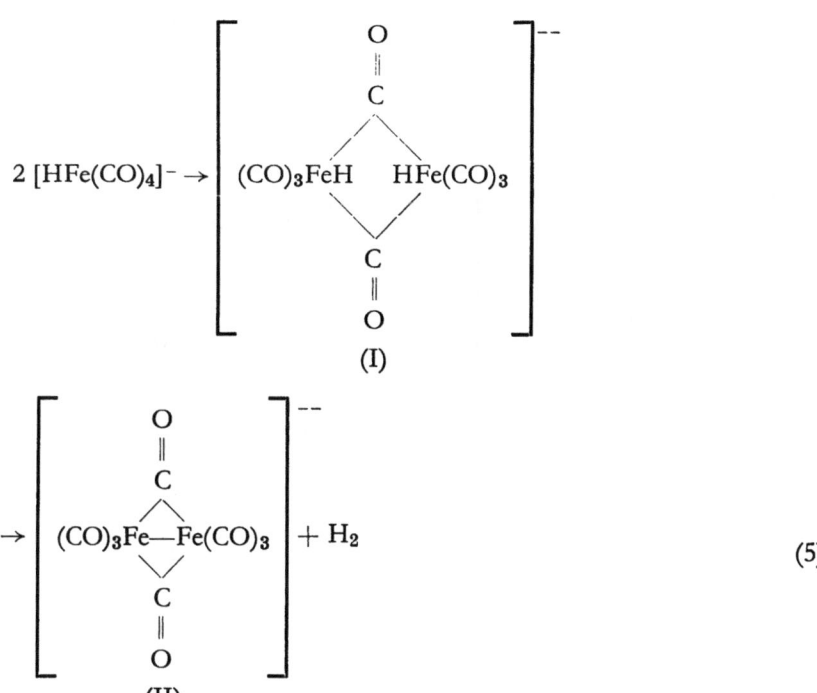

(5)

tativ in Eisenpentacarbonyl und Wasserstoff übergeführt werden kann (vgl. Gl. (6)). Das so entstandene Eisenpentacarbonyl bildet von neuem mit dem vorhandenen überschüssigen Alkali den Carbonylwasserstoff, der seinerseits nun wieder mit Kohlenoxid unter Rückbildung von Eisenpentacarbonyl reagiert. Die Umsetzung ist beendet, wenn das gesamte Alkali in Carbonat übergeführt ist, wobei die äquivalente Wasserstoffmenge in Freiheit gesetzt wird.

$$2\,H_2Fe(CO)_4 + 2\,CO \rightarrow 2\,Fe(CO)_5 + 2\,H_2 \quad (6)$$
$$\underline{2\,Fe(CO)_5 + 2\,H_2O \rightarrow 2\,H_2Fe(CO)_4 + 2\,CO_2} \quad (7)$$
$$2\,CO + 2\,H_2O \rightarrow 2\,H_2 + 2\,CO_2$$

Es findet also letzten Endes unter dem Einfluß von Eisencarbonylwasserstoff eine Konvertierung von Kohlenoxid mit Wasser statt. Bei erhöhtem Kohlenoxiddruck katalysiert ebenfalls das gemäß Gl. (5) gebildete Anion (II) die Konvertierungsreaktion [10].

Man nimmt an, daß in Anwesenheit von überschüssigem Kohlenoxid eine Brückencarbonylgruppe dem vom Anion (II)-Komplex gebundenen Wasser Sauerstoff entzieht und somit zur simultanen Bildung zweier Eisen–Wasserstoff-Bindungen führt (vgl. Gl. (8)). Unter Abspaltung von Kohlendioxid und weiterer Einwirkung von Kohlenoxid entsteht wieder der Komplex (I), der dann gemäß Gl. (5), leicht 1 Mol Wasserstoff verliert.

Die Reaktion von Eisenpentacarbonyl mit Stickstoffbasen führt, je nach Art der Base und Reaktionsbedingungen, zu ein- bzw. mehrkernigen Carbonylferraten. Nach HIEBER und Mitarbeitern [23–25] wird dabei intermediär das Addukt $Fe(CO)_5\cdot$Amin gebildet, welches sich dann schnell zu dem entsprechenden Carbonylferrat zersetzt. Die von HIEBER und Mitarbeitern erhaltenen Ergebnisse wurden später von EDGELL und Mitarbeitern [26, 27] im wesentlichen bestätigt.

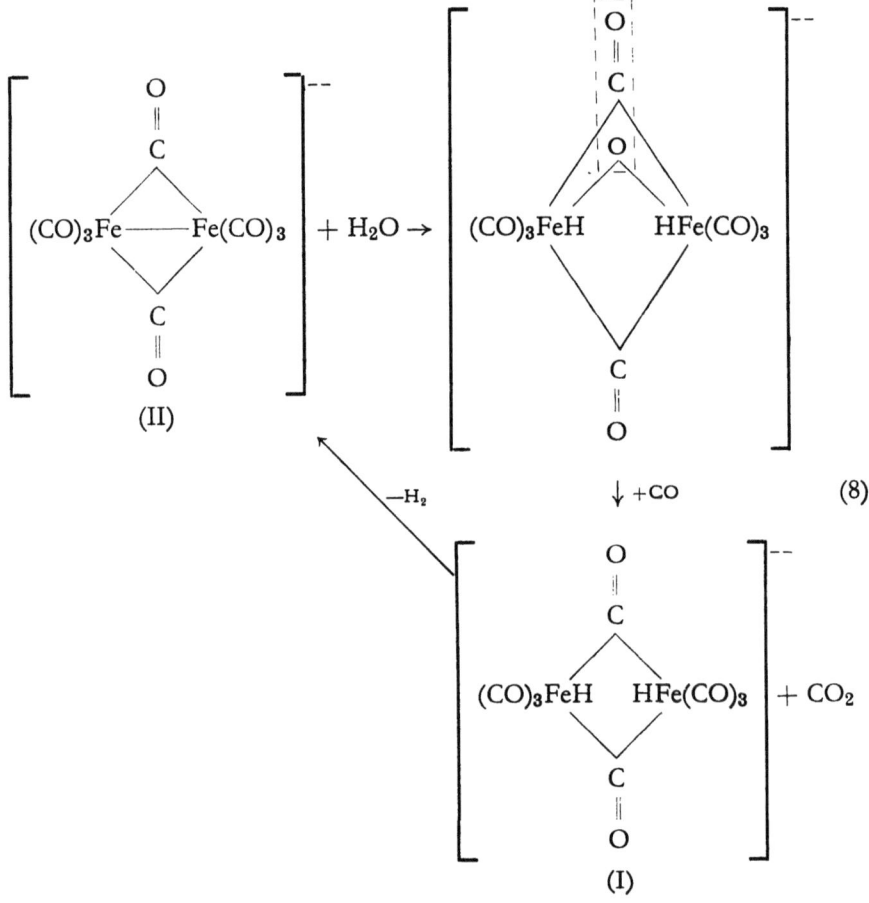

1952 fanden HEINTZELER und v. KUTEPOW [28], daß man komplexe aminhaltige Eisencarbonylhydride erhält, wenn man auf Eisenpentacarbonyl bei erhöhter Temperatur Wasser und Amine der Formel NR₃ einwirken läßt. Ihre Bildung läßt sich, wie sich aus der Analyse des Komplexes und der Reaktionsgase schließen läßt, durch Gl. (9) wiedergeben:

$$3\,Fe(CO)_5 + NR_3 + 2\,H_2O \rightarrow H_2Fe_3(CO)_{11} \cdot NR_3 + 2\,CO_2 + 2\,CO + H_2 \quad (9)$$

Die Eisencarbonyl-Komplexe lösen sich gut in polaren organischen Lösungsmitteln mit tief dunkelroter Farbe. Ihre Lösungen sind sehr luftempfindlich und wirken reduzierend. Mit konzentrierter Ameisensäure liefern sie quantitativ Eisentetracarbonyl [29].

Nach den Ergebnissen der physikalisch-chemischen Untersuchungen sind die beschriebenen Eisencarbonyl–Amin-Verbindungen als Ammoniumsalze eines trimeren Eisencarbonylwasserstoffs aufzufassen:

$[NR_3H]^+ \, [HFe(CO)_{11}]^-$

Der trimere Eisencarbonylwasserstoff stellt eine zweiprotonige Säure mit einer starken ersten und einer sehr schwachen zweiten Dissoziationsstufe dar.

Im Lichte des oben skizzierten Verhaltens von Eisenpentacarbonyl organischen und anorganischen Basen gegenüber lassen sich nun die verschiedenen Vorschläge zum Verlauf der Hydrohydroxymethylierung von Olefinen besser diskutieren.

REPPE und Mitarbeiter [3] nahmen den Eisencarbonylwasserstoff als die katalytisch aktive Spezies der Reaktion an und schlugen zunächst auf Grund ihrer Beobachtung, daß der Carbonylwasserstoff sich in basischen Lösungen durch Kohlenoxid in Eisenpentacarbonyl und Wasserstoff umwandeln läßt, das folgende vereinfachte Schema für die Hydrohydroxymethylierung von Olefinen vor:

$$2\ Fe(CO)_5 + 2\ H_2O \rightarrow 2\ H_2Fe(CO)_4 + 2\ CO_2$$
$$2\ H_2Fe(CO)_4 + 2\ CO \rightarrow 2\ Fe(CO)_5 + 2\ H_2$$
$$R{-}CH{=}CH_2 + CO + 2\ H_2 \rightarrow R{-}CH_2{-}CH_2{-}CH_2OH$$
$$\overline{R{-}CH{=}CH_2 + 3\ CO + 2\ H_2O \rightarrow R{-}CH_2{-}CH_2{-}CH_2OH + 2\ CO_2}$$

Seitdem sind über den Reaktionsmechanismus der durch Metallcarbonyl katalysierten Alkoholsynthese nach REPPE mehrfach Überlegungen angestellt worden. Eine der Theorien [30] geht davon aus, daß zunächst aus dem Olefin und dem generell aus Eisenpentacarbonyl, Amin und Wasser zugänglichen Eisencarbonylwasserstoff ein substituiertes Eisencarbonylhydrid entsteht. Die so gebildete Alkyleisen-Verbindung addiert in einem weiteren Reaktionsschritt Kohlenoxid zu einem Acylderivat des Eisencarbonylwasserstoffs. Durch Aufnahme eines Hydrid-Ions und weitere Einwirkung von Wasserstoff entsteht der Alkohol. Dieser Mechanismus erinnert sehr an die analogen Verhältnisse bei der kobaltkatalysierten Hydroformylierung von Olefinen [31].

Nach WENDER und Mitarbeitern [10, 22] läuft die Hydrohydroxymethylierungsreaktion ebenfalls in zwei gesonderten Schritten ab:

a) Die Anlagerung von —H und —CHO an die Doppelbindung wie bei der Hydroformylierung;
b) Anschließende Hydrierung des Aldehyds zum entsprechenden Alkohol.

Interessanterweise erfolgt die letztgenannte Reduktion zu Alkoholen bei der Hydroformylierung bei Temperaturen über 150°C. REPPE und Mitarbeiter konnten allerdings in den von ihnen erhaltenen Reaktionsprodukten keine erwähnenswerten Mengen an Aldehyden feststellen. Diese Tatsache soll nach WENDER et al. [10] unter anderem auf die von REPPE und Mitarbeitern verwendeten stark basischen Lösungen zurückzuführen sein. Wenn man z. B. 1 Mol Eisenpentacarbonyl mit 4 oder mehreren Molen Natriumhydroxid zusammenreagieren läßt, so entsteht vielmehr das Anion $[Fe(CO)_4]^{-2}$ (siehe Gl. (2), S. 6) als das $[HFe(CO)_4]^-$ (siehe Gl. (3), S. 6). WENDER und Mitarbeiter setzten nämlich Cyclopenten bei erhöhter Temperatur und erhöhtem CO-Druck mit einer aus Eisenpentacarbonyl und Natronlauge (Molverhältnis 1 : 3) bestehenden wäßrigen Lösung um und erhielten ausschließlich Cyclopentancarboxaldehyd und nicht umgesetztes Cyclopenten zurück.

Daß Aldehyde sich unter den Bedingungen der Alkoholsynthese zu Alkoholen reduzieren lassen, ist eine bekannte Tatsache [5, 10, 22] und wurde auch in dieser Arbeit bestätigt.

Bei der Interpretierung des Hydrohydroxymethylierungsverlaufs gehen WENDER und Mitarbeiter [10] von der Annahme eines gemäß Gl. (5), S. 7 gebildeten dimeren Eisencarbonylwasserstoffs aus. In Abwesenheit eines Olefins spaltet das dimere Carbonylhydrid (I) Wasserstoff zum Anion (II) ab (siehe Gl. (5), S. 7). Ist aber im Reaktionsmilieu ein reduzierbares Substrat (Olefin, Aldehyd) vorhanden, so erfolgt eine Wasserstoffübertragung von dem Carbonylwasserstoff auf die ungesättigte Bindung. Der Verlauf der Hydrohydroxymethylierung läßt sich nun annähernd folgendermaßen veranschaulichen:

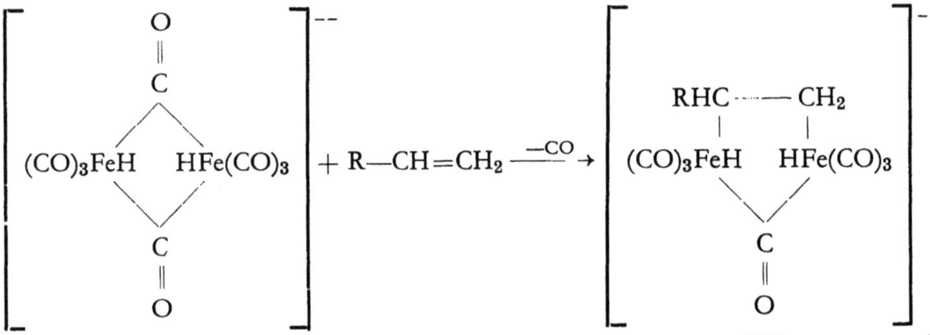

$$\left[\begin{array}{c} \text{O} \\ \parallel \\ \text{C} \\ (\text{CO})_3\text{FeH} \quad \text{HFe}(\text{CO})_3 \\ \text{C} \\ \parallel \\ \text{O} \end{array}\right]^{--} + \text{R—CH=CH}_2 \xrightarrow{-\text{CO}} \left[\begin{array}{c} \text{RHC} \cdots \text{CH}_2 \\ | \quad\quad | \\ (\text{CO})_3\text{FeH} \quad \text{HFe}(\text{CO})_3 \\ \text{C} \\ \parallel \\ \text{O} \end{array}\right]^{--} \quad (10)$$

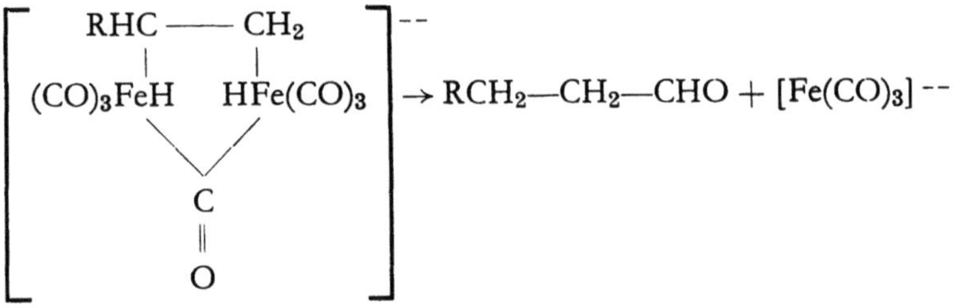

(I) (III)

$$\left[\begin{array}{c} \text{RHC—CH}_2 \\ | \quad\quad | \\ (\text{CO})_3\text{FeH} \quad \text{HFe}(\text{CO})_3 \\ \text{C} \\ \parallel \\ \text{O} \end{array}\right]^{--} \rightarrow \text{RCH}_2\text{—CH}_2\text{—CHO} + [\text{Fe}(\text{CO})_3]^{--} \quad (11)$$

(III)

$$\text{RCH}_2\text{CH}_2\text{CHO} + \left[\begin{array}{c} \text{O} \\ \parallel \\ \text{C} \\ (\text{CO})_3\text{FeH} \quad \text{HFe}(\text{CO})_3 \\ \text{C} \\ \parallel \\ \text{O} \end{array}\right]^{--} \rightarrow$$

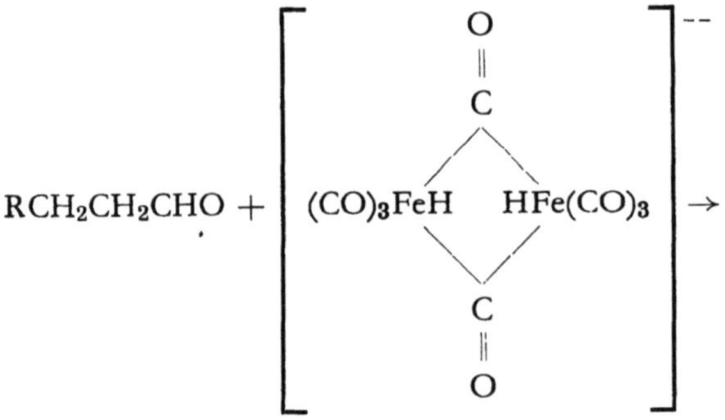

(I)

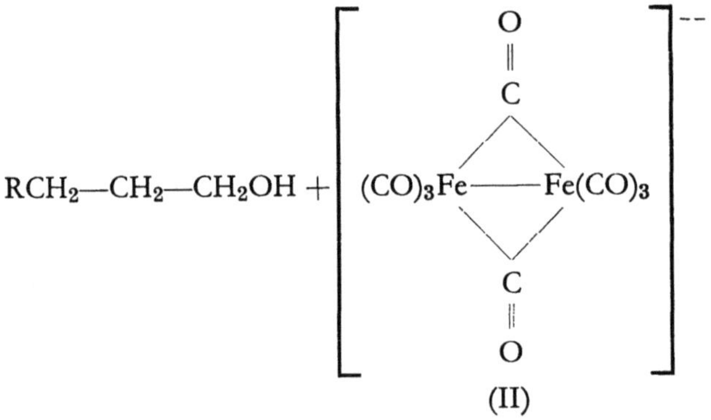

$$\text{RCH}_2\text{—CH}_2\text{—CH}_2\text{OH} + \left[\begin{array}{c} \text{O} \\ \parallel \\ \text{C} \\ (\text{CO})_3\text{Fe—Fe}(\text{CO})_3 \\ \text{C} \\ \parallel \\ \text{O} \end{array}\right]^{--} \quad (12)$$

(II)

$$[\text{Fe}(\text{CO})_3]^{--} + 3\,\text{CO} + \text{H}_2\text{O} \rightarrow \text{I} + \text{CO}_2 \quad (13)$$

Der bei der Reduktion des Aldehyds entstehende Komplex (II) kann ebenfalls mit Wasser und Kohlenoxid nach Gl. (8), S. 8 zu dem katalytisch aktiven Anion (I) regeneriert werden.

Trotz der auffallenden Ähnlichkeit zwischen den eben beschriebenen Carbonyldiferraten und den entsprechenden Kobaltkomplexen muß man stets den wichtigen Unterschied in Augenschein nehmen, daß die Eisenkomplexe Anionen sind, während die Kobaltkomplexe ladungsmäßig neutrale Verbindungen darstellen.

In diesem Zusammenhang sei noch kurz darauf hingewiesen, daß die kobaltkatalysierte Isomerisierung der Olefine auch bei dem Eisencarbonyl-System ihre Parallele findet [10, 22, 31–39].

1960 schlugen v. KUTEPOW und Mitarbeiter [5] für die Hydrohydroxymethylierung von Olefinen einen durch experimentelle Befunde erhärteten Mechanismus vor, der dem eigentlichen Reaktionsgeschehen wahrscheinlich am meisten entspricht. Sie konnten IR- und UV-spektroskopisch nachweisen, daß der aus den Reaktionskomponenten gemäß Gl. (9), S. 8 hergestellte und der in der Lösung der Reppe-Alkoholsynthese vorliegende Komplex identisch sind. Sie erhielten ferner durch stöchiometrische Umsetzung dieses Salzes des trimeren Eisencarbonylwasserstoffs mit einem Olefin und Wasser in rascher Reaktion die entsprechenden Alkohole; der Komplex wurde hierbei zu Eisen-(II), kleineren Mengen Eisenpentacarbonyl und Kohlendioxid abgebaut. Demnach kämen dem als Katalysator wirksamen Eisencarbonylwasserstoff gleichzeitig zwei Funktionen zu: einerseits dient er als CO-Überträger, andererseits wirkt er als hydrierendes Agens. Bei der Erklärung des Verlaufs der Alkoholsynthese gehen v. KUTEPOW und Mitarbeiter [5] von der Annahme einer Sechsring-Struktur (IV) für das Carbonyltriferrat aus:

$$
\begin{array}{c}
CO\ CO\ CO \\
\diagdown \mid \diagup \\
Fe \\
\diagup \quad \diagdown \\
O=C \quad\quad C=O \\
OC \mid \quad\quad \mid CO \\
\diagdown \quad\quad \diagup \\
OC-Fe \quad Fe-CO \\
\diagup \quad \diagdown \diagup \quad \diagdown \\
OC \quad\quad\quad CO \\
H \\
(IV)
\end{array}
$$

Nach den letzten Untersuchungen [40, 41] soll allerdings das Carbonyltriferrat-Anion die folgende Struktur (V) mit einer trigonalen Anordnung der Eisenatome besitzen:

$$
\begin{array}{c}
Fe(CO)_3 \\
\diagup \diagdown \\
(CO)_4Fe\quad O=C \quad\quad H \\
\diagdown \diagup \\
Fe(CO)_3 \\
(V)
\end{array}
$$

Prinzipiell beeinträchtigt diese Tatsache keineswegs den von v. KUTEPOW et al. formulierten Mechanismus. Das Hydrid (IV) addiert nun nach den Autoren Propylen unter Bildung eines Olefin–Eisencarbonyl-Komplexes (VI bzw. VII). Das Propylen (CH_3—$\overset{+}{C}H$—$\overset{-}{C}H_2$ ⇌ CH_3—$\overset{-}{C}H$—$\overset{+}{C}H_2$) substituiert dabei nucleophil den Brückenwasserstoff, und anschließend addiert das Hydrid-Ion am positiv geladenen Kohlenstoffatom. Die bevorzugte mesomere Grenzform des Propylens sowie die sterische Begünstigung der Form (VI) sind anscheinend für die überwiegende Bildung von n-Butanol verantwortlich. Aus dem Komplex VI bzw. VII wird das Carbeniat-Ion (VIII) abgespalten, das mit Wasser Butyraldehyd bildet:

$$CH_3-CH_2-CH_2-\overset{-}{C}=O + H_2O \rightarrow CH_3-CH_2-CH_2-CHO + OH^- \quad (14)$$
$$(VIII)$$

Der Aldehyd wird schließlich durch ein weiteres Molekül (IV) zum Alkohol hydriert. Aus dem Katalysatorrest bildet sich mit Kohlenoxid und Wasser der Carbonylwasserstoff (IV) zurück. Die Regenerierung läuft nicht vollständig ab – ein kleiner Teil des Katalysators bildet durch Disproportionierung Eisen(II)-Ionen.

2.1 Das Katalysatorsystem für die Alkoholsynthese nach REPPE

Als Katalysator für die Alkoholsynthese nach REPPE werden ausschließlich Derivate von Eisencarbonylwasserstoffen verwendet, die sich unter den Reaktionsbedingungen aus Eisenpentacarbonyl, einem Amin und Wasser bilden. Man kann aber auch dem Eisencarbonyl vorpräparierte Salze des Eisencarbonylwasserstoffs oder eine Reihe von Bicyclopentadien–Eisencarbonyl-Komplexen als Initiator zusetzen [42].
Über die Verwendung anderer Katalysatormetalle an Stelle des Eisens wird in der Literatur nur in einem Patent berichtet [43]. Danach katalysiert auch Rutheniumcarbonyl die Hydrohydroxymethylierung von Olefinen bei höheren Temperaturen und Drücken. Die Bildung des Rutheniumcarbonyls läßt sich auch unter den Reaktionsbedingungen (CO, H_2O und Base) aus Rutheniumsalzen von Carbonsäuren (Ruthenium-

stearat) in situ vornehmen. Das Reaktionsprodukt besteht ausschließlich aus isomeren Alkoholen. Allerdings sind auch hier die Ausbeuten bei Verwendung von Olefinen mit 3 oder mehr C-Atomen sehr gering.

Als basische Komponente des Katalysators für die Hydrohydroxymethylierungsreaktion wurden zunächst neben Aminen, Aminosäuren sowie Säureamiden auch Hydroxide der Alkali- und Erdkalimetalle vorgeschlagen [1]. Es stellte sich aber bald heraus, daß die bei diesen Umsetzungen allgemein beobachtete Bildung von unerwünschter Ameisensäure bzw. deren Salzen bei Verwendung der stark alkalischen Hydroxide verhältnismäßig groß ist, bei Verwendung von Aminen oder Aminosäuren dagegen wesentlich zurücktritt. Als Aminkomponente des Katalysators kommen allerdings nur wenige Verbindungen in Frage. Primäre und sekundäre Amine werden unter den Bedingungen der Synthese zu tertiären Aminen alkyliert [8], wobei die neu eingetretenen Alkylreste um ein C-Atom reicher als das verwendete Olefin sind. So eignen sich vorwiegend tertiäre Amine für die Reppe-Alkoholsynthese. Aber auch die Alkylgruppen am Stickstoff können gegen den Alkylrest des entstehenden Alkohols ausgetauscht werden [7]. Es ist daher notwendig, tertiäre Amine zu verwenden, die

a) basisch genug sind, um sowohl die »Basenreaktion« mit Eisenpentacarbonyl einzugehen als auch die entstandene Kohlensäure vorübergehend zu binden,
b) bei erhöhter Temperatur bzw. den geforderten Reaktionsbedingungen Kohlensäure leicht wieder abspalten, um somit eine kontinuierliche Herausnahme der Kohlensäure aus dem Reaktionsgemisch zu gewährleisten,
c) wasserlöslich und nicht flüchtig sind, um eine Abtrennung der zu erwartenden Reaktionsprodukte zu ermöglichen und
d) gegenüber den Reaktionskomponenten keine unerwünschten Nebenreaktionen eingehen (Formiatbildung, Alkylierung).

Von den aliphatischen Aminen fanden für die Hydrohydroxymethylierung zuerst Trimethylamin, Triäthylamin und N-alkylierte Aminocarbonsäuren Verwendung. Systematische Untersuchungen [1, 5, 7, 9] ergaben schließlich, daß sich Pyrrolidin-Derivate besonders leicht mit Eisencarbonylen umsetzen und daß der Pyrrolidin-Ring gegen eine Umalkylierung bemerkenswert stabil ist. Dennoch verwendet man zweckmäßig ein N-Alkylpyrrolidin, dessen Alkylrest die gleiche C-Zahl wie der entstehende Alkohol besitzt.

2.2 Einfluß von Lösungsmitteln auf die Hydrohydroxymethylierung

Die Verwendung von Lösungsmitteln wie Alkoholen bei der Hydrohydroxymethylierung ist besonders vorteilhaft bei der Umsetzung der höheren Olefine, da hierdurch die Reaktionsgeschwindigkeit wesentlich erhöht und ein glatter Reaktionsverlauf erzielt werden soll [1]. Dies konnte durch eigene Versuche zur Hydrohydroxymethylierung von n-Octen-1 in Gegenwart von Lösungsmitteln bestätigt werden. In neuester Zeit beobachteten MATSUDA und Mitarbeiter [11] ebenfalls den günstigen Lösungsmitteleinfluß auf die Alkoholsynthese nach REPPE.

Nach REPPE, v. KUTEPOW et al. [44–46] soll die Alkoholsynthese (am Beispiel des Propens) noch vorteilhafter verlaufen, wenn außer dem erwähnten Amin noch gegebenenfalls substituierte Äther, Thioäther, Sulfoxide, Nitrile, Isonitrile, Lactame, Carbonsäureamide und/oder Lactone zugesetzt werden. Die Reaktionsgeschwindigkeit und der Anteil an endständigem Alkohol werden dadurch gesteigert. Ein weiterer Vorzug des neuen Verfahrens besteht darin, daß man bei erhöhten Drucken arbeiten und somit zu guten Raum–Zeit-Ausbeuten gelangen kann. Ferner soll die Zersetzung des Katalysators unter Abscheidung von Eisencarbonat wesentlich zurückgedrängt werden können.

2.3 Die technische Durchführung der Butanolsynthese aus Propylen nach dem Reppe-Verfahren

Die technische Butanolsynthese aus Propylen läuft schon bei 100–110°C und 15 at Kohlenoxiddruck ab. Bei höheren Olefinen muß man schärfere Bedingungen anwenden. Die Reaktionsgeschwindigkeit des Olefins nimmt mit steigendem Gehalt an katalytisch wirksamen, komplexen Eisencarbonylwasserstoffen, die sich mehr oder weniger quantitativ unter den Reaktionsbedingungen bilden, zu. Zweierlei Schwierigkeiten treten hier auf:

1. Die Eisencarbonylkomplex-Verbindungen werden teilweise zu ionogenen zweiwertigen Eisenverbindungen abgebaut, die sich mit dem bei der Reaktion entstehenden Kohlendioxid zu festem Eisencarbonat vereinigen.
2. Je nach Kohlenoxiddruck wird ein Teil der katalytisch aktiven Carbonylwasserstoffe in das katalytisch unwirksame Eisencarbonyl umgewandelt (vgl. Gl. (6), S. 7). Parallel wird die entsprechende Menge der Reaktionskomponente Wasser, wohl infolge der begleitenden Konvertierungsreaktion, der eigentlichen Reaktion entzogen.

Eingehenden Untersuchungen von Kindler und Trieschmann [47] zufolge lassen sich optimale Ergebnisse erzielen, wenn 15–30 Gew.-% der Gesamtmenge der Eisencarbonylverbindungen im Reaktionsgemisch als Eisenpentacarbonyl vorliegen und der Kohlenmonoxidpartialdruck 2–7 at beträgt. Für eine gegebene Menge Eisenpentacarbonyl und eines organischen Amins kann das Gleichgewicht durch Wahl geeigneter Temperatur- und Druckbedingungen sowie des entsprechenden Kohlenoxidpartialdruckes auf den gewünschten Bereich eingestellt werden. Bei erhöhter Temperatur muß ein entsprechend erhöhter Druck gewählt werden. Die Höhe des Gesamtdruckes des Gasgemisches, das außer Kohlenoxid Olefin, Kohlendioxid, Wasserstoff und inerte Gase sowie Dämpfe der flüssigen Reaktionsteilnehmer enthält, ist ohne unmittelbaren Einfluß auf die Komplexbildung und damit auf die Reaktionsgeschwindigkeit. Der Gesamtdruck wird bei Durchführung der Reaktion zweckmäßig wesentlich höher, z. B. 2–10mal so hoch wie der Kohlenmonoxidpartialdruck, gehalten, so daß die anderen Gase in möglichst hoher Konzentration vorliegen, wodurch sich Vorteile bei deren Entfernung aus dem Reaktionsgemisch ergeben. Die Höhe des optimalen Kohlenmonoxidpartialdruckes ist abhängig von der Reaktionstemperatur. Nach den Ermittlungen von Kindler und Trieschmann beträgt der erforderliche Kohlenmonoxidpartialdruck z. B. bei etwa 95°C 2,4–3,5 at, bei etwa 100°C ca. 2,8–4,5 at und bei etwa 110°C ca. 3,8–6,5 at. Bei einer solchen Verfahrensweise wird bei größtmöglicher Reaktionsgeschwindigkeit, die eine Funktion der Konzentration der Eisencarbonylwasserstoff-Verbindungen ist, die Eisencarbonatbildung weitgehend zurückgedrängt.

Bei der technischen Butanolsynthese arbeitet man kontinuierlich [48–50]. In einem Druckbehälter werden Eisenpentacarbonyl, N-Butylpyrrolidin, Wasser und außerdem Butanol als Lösungsmittel eingefüllt. Beim Erhitzen auf 100°C entsteht die homogene Katalysatorlösung. Leitet man jetzt Kohlenmonoxid und Propylen ein, so setzt bei erhöhtem Druck die Bildung von Butanol ein. Der Reaktionsdruck beträgt 15 at. Es muß für eine innige Durchmischung der Reaktionskomponenten gesorgt werden.

Man wählt die Reaktionsbedingungen so, daß Propylen und Kohlenoxid in einem Durchgang nur teilweise umgesetzt werden, und läßt die Reaktionsgase wiederholt

Tab 1 *Literaturergebnisse bei der Alkoholsynthese nach* Reppe *mit höhermolekularen Olefinen*

Eingesetztes Olefin	Reaktionsbedingungen Amin	Lösungs- mittel	CO-Druck (kalt) [atü]	Temperatur [°C]	Reaktionszeit [h]	Produkt erhalten	Ausbeute (bez. auf Olefin) [%]	Lit.
»iso-Octen«	$(CH_3)_3N$	CH_3OH	100–200	100	24	Nonanole*	ca. 15	3
n-Octen-1	$(CH_3)_3N$	CH_3OH	160	150–160 und 170–175	6⎱ 6⎰ 12	Nonanole* Nonanale*	ca. 6 ca. 0,2	10
n-Octen-1	$(CH_3)_3N$	CH_3OH	100–110	175	25!	Nonanole*	ca. 50	11
n-Octen-1	$(C_2H_5)_3N$	CH_3OH	100–110	175	46!	Nonanole*	ca. 48	11
Cyclohexen	$(CH_3)_3N$	CH_3OH	100–110	175	25!	Cyclohexylcarbinol	ca. 54	11

* Über Isomerenbildung werden keine Angaben gemacht.

durch die Reaktionslösung kreisen. Auf diese Weise ist es möglich, das Konzentrationsverhältnis der Gase möglichst konstant zu halten. Dies ist wünschenswert, weil Änderungen, z. B. des Kohlenoxidpartialdruckes, das Mengenverhältnis von Eisenpentacarbonyl und Carbonylferrat verschieben und damit die Reaktion beeinflussen [47].

Das gebildete Butanol wird bei Synthesedruck und -temperatur abdestilliert, wobei das Kreisgas als kohlenoxidhaltiges Schutzgas benutzt wird, um die Carbonyle zu stabilisieren [51]. Aus der zirkulierenden Gasphase werden laufend Kohlendioxid, Wasserstoff und Propan von dem nicht umgesetzten Propylen und Kohlenmonoxid getrennt [52]. Die wiedergewonnenen gasförmigen Ausgangsstoffe gehen in die Synthese zurück. Das anfallende Rohbutanol enthält neben 7% Wasser kleine Mengen N-Butylpyrrolidin und Spuren Eisenpentacarbonyl. Das Amin wird auf chemischem Weg entfernt. Das Eisencarbonyl wird oxidierend zerstört. Anschließend wird zunächst das restliche Wasser abdestilliert und dann das Alkohol-Isomerengemisch destillativ zerlegt.

Die Butanolausbeute, bezogen auf Propylen, beträgt ca. 90%. 4% des eingesetzten Propylens werden zu Propan hydriert. Auf eingesetztes Kohlenoxid berechnet, entstehen etwa 6% Wasserstoff. Es bilden sich nur etwa 0,2% flüssige Nebenprodukte. Der Anteil an C_4-Äthern und Aldehyden im Rohbutanol liegt insgesamt unter 0,1%. Die Verluste an Butylpyrrolidin und Carbonyl sind gering. Die Haltbarkeit der Katalysatorlösung ist gut; sie ist leicht regenerierbar [53]. Verunreinigungen der Ausgangsgase durch Schwefelverbindungen, Kohlendioxid, Wasserstoff und Propan beeinflussen die Reaktion nicht. Das Verfahren ist mit keinerlei Korrosionsproblemen behaftet.

2.4 Literaturangaben über die Hydrohydroxymethylierung höhermolekularer Olefine

Wie bereits erwähnt, ist die Reppesche Alkoholsynthese mit höhermolekularen Olefinen erheblich schwieriger durchzuführen. Eine systematische Untersuchung erfolgte bisher nicht, so daß die Hydrohydroxymethylierung höhermolekularer Olefine keinerlei praktische Bedeutung erlangen konnte. Die wenigen Angaben in der Literatur sind zudem noch meist in Patentschriften niedergelegt [1, 7, 9]. In der vorstehenden Tab. 1 sind die wichtigsten Angaben aus der Literatur unter besonderer Berücksichtigung der Arbeiten von MATSUDA und NAKAMURA [11] zusammengefaßt. Die Ergebnisse zeigen sehr deutlich (vgl. z. B. die Reaktionszeiten!) die unbefriedigenden Erfolge bei der Übertragung der Reaktion auf höhermolekulare Olefine.

3. Versuche zur Hydrohydroxymethylierung höhermolekularer n-Olefine

3.1 Allgemeines zur Versuchsdurchführung

Die in dieser Arbeit beschriebenen Versuche zur Übertragung der Alkoholsynthese nach REPPE auf höhermolekulare Olefine und zur Optimierung dieser Reaktion wurden am Beispiel des n-Octen-1 bzw. eines n-Octen-Isomerengemisches durchgeführt. Die Analytik der zu erwartenden C_9-Alkohol- (bzw. C_9-Aldehyd-)Isomerengemische sowie der n-Octenisomeren ist noch relativ einfach zu bewältigen (Gaschromatographie),

während andererseits das n-Octen bereits als ein höhermolekulares Olefin angesehen werden kann. Die Reaktionen wurden entweder in einem 0,5-l-Schüttelautoklav oder in einem 1-l-Hubrührautoklav ausgeführt. Beide Autoklaven bestanden aus einem hochlegierten Chrom–Nickel–Molybdän-Sonderstahl. Ein typischer Versuch zur Hydrohydroxymethylierung von Octen-1 und die Aufarbeitung und Analyse des erhaltenen Reaktionsproduktes ist weiter unten beschrieben (vgl. S. 51).
n-Octen-1 wurde durch Pyrolyse von n-Octyl-1-acetat in der Gasphase bei 550°C dargestellt [54–58], das n-Octenisomerengemisch durch Dehydratisierung von n-Octanol-2 mittels konz. Phosphorsäure erhalten [59]. Das n-Octen-1 besaß eine Reinheit von über 99,5%. Die Zusammensetzung des n-Octenisomerengemisches war: 4% n-Octen-1, 65% n-Octen-2, 22% n-Octen-3 und 9% n-Octen-4. Die eingesetzten Amine waren entweder Handelsprodukte oder konnten nach allgemein bekannten Vorschriften aus der Literatur synthetisiert werden. Eisenpentacarbonyl wurde von der BASF, Ludwigshafen/Rh., und das verwendete Rhodium(III)-oxid von der DEGUSSA, Hanau/M., bezogen. Das von der BASF, Ludwigshafen/Rh. bezogene Kohlenmonoxid enthielt immer 1–3% Wasserstoff, was sich jedoch auf die Reaktion nur positiv auswirkte.

3.2 Lösungsmittel bei der Hydrohydroxymethylierung höhermolekularer Olefine

Die Reaktanten der Hydrohydroxymethylierung, Olefin, Amin, Wasser (und Kohlenmonoxid), stellen ein heterogenes Gemisch dar. Die Vorteile, die ein geeignetes, eine Homogenisierung des Reaktionsgemisches bewirkendes Lösungsmittel für die Umsetzung gegebenenfalls haben könnte, sind offensichtlich. Auf die vorteilhafte Verwendung eines Lösungsmittels weist REPPE auch schon in seinem Grundpatent hin [1]. Wie in Tab. 1, S. 15, gezeigt wurde, konnten MATSUDA und NAKAMURA [11] bei der Hydrohydroxymethylierung von n-Octen-1 in Methanol als Lösungsmittel eine ca. 50prozentige Ausbeute an Nonanolen erzielen. Als Katalysator verwendeten sie Eisen-

Tab. 2 Lösungsmittel bei der Hydrohydroxymethylierung von n-Octen-1*

Vers.-Nr.	Lösung	Ausbeute an Nonanolen [%]**	Zusammensetzung des Nonanol–Isomeren-Gemisches [%]***			
			1	2	3	4
2/1	ohne	15	73	24	2	1
2/2	Methanol	54	73	26	1	
2/3	Acetonitril	46	75	23	1	1
2/4	Dimethylformamid	43	72	26	2	
2/5	Aceton	23	75	23	2	
2/6	Tetrahydrofuran	19	75	24	1	

* Konstante Reaktionsbedingungen: 175°C; 200 at (CO-Kaltdruck); 3 Std. Reaktionszeit bei 175°C (2 Std. Aufheizzeit); Ansatz: 0,6 Mol (67 g) n-Octen-1, 1,5 Mol (27 g) Wasser, 0,06 Mol (11,8 g) Eisenpentacarbonyl, 0,9 Mol (76,5 g) N-Methylpyrrolidin (NMP), 93 ml Lösungsmittel; 0,5-l-Schüttelautoklav.
** Nonanolausbeute, bezogen auf eingesetztes n-Octen-1.
*** 1 = n-Nonanol-1; 2 = 2-Methyl-n-octanol-1; 3 = 2-Äthyl-n-heptanol-1 und 4 = 2-n-Propyl-n-hexanol-1.

pentacarbonyl mit Trimethyl- oder Triäthylamin als Base. Die benötigten Reaktionszeiten sind mit 25 bzw. 48 Stunden jedoch indiskutabel lang. Die Alkylpyrrolidine, die sich nach v. KUTEPOW und KINDLER [5] besonders glatt mit Eisencarbonylen umsetzen, übertreffen Trimethyl- oder Triäthylamin in ihrer katalytischen Wirksamkeit bei der Hydrohydroxymethylierung beträchtlich (vgl. auch Kapitel 3.3. Bei eigenen Versuchen über die Wirkung verschiedener Lösungsmittel auf die Alkoholsynthese setzten wir deshalb dem Eisenpentacarbonyl als Base ·N-Methylpyrrolidin zu. Die Ergebnisse, die wir mit verschiedenen geeignet erscheinenden Lösungsmitteln erzielen konnten, zeigt die Tab. 2.

Die Versuchsergebnisse in Tab. 2 zeigen deutlich: Die Verwendung eines polaren Lösungsmittels ist bei der Hydrohydroxymethylierung eines höhermolekularen Olefins praktisch unerläßlich. Außer Methanol sind noch Acetonitril und Dimethylformamid gut geeignet. N-Methylpyrrolidin übertrifft Trimethyl- oder Triäthylamin in seiner Wirksamkeit als Base bei der Alkoholsynthese nach REPPE beträchtlich. Während MATSUDA und NAKAMURA [11] bei Verwendung von Trimethyl- bzw. Triäthylamin für einen ca. 50prozentigen Umsatz von n-Octen-1 25 bzw. 46 Stunden benötigten, war ein ähnliches Ergebnis mit N-Methylpyrrolidin bereits nach 3 Stunden Reaktionszeit zu verzeichnen. In keinem Falle unter den eingehaltenen Versuchsbedingungen (vgl. Legende zu Tab. 2) die Bildung von C_9-Aldehyden, die möglicherweise als Zwischenstufen der Reaktion durchlaufen werden, beobachtet werden. Obwohl bei Verwendung eines geeigneten Lösungsmittels höhermolekulare Olefine mit Erfolg in die Alkoholsynthese nach REPPE eingesetzt werden können, sind die hier auch im günstigsten Falle erzielbaren Ergebnisse zu unbefriedigend, um der Reaktion eine größere Bedeutung zu verleihen. Für eine weitere Optimierung der Reaktion mußten daher die verschiedensten anderen Parameter der Reaktion systematisch erforscht werden.

3.3 Die Wirksamkeit verschiedener Amine bei der Hydrohydroxymethylierung höhermolekularer Olefine

Bei der Butanolsynthese nach REPPE verwendet man als Aminkomponente des Katalysators in der Regel N-Butylpyrrolidin. So vermeidet man z. B. Schwierigkeiten, die infolge einer Umalkylierung des Alkylpyrrolidins durch das Reaktionsprodukt auftreten könnten. Wegen der Bedeutung, die das Amin für die Aktivität des Katalysatorsystems ohne Zweifel besitzt, prüften wir in Vorversuchen eine Reihe von möglich erscheinenden Aminen für die Hydrohydroxymethylierung von n-Octenen. Die Ergebnisse zeigt die folgende Tab. 3. Ein Lösungsmittel wurde nicht verwendet, so daß die nach dreistündiger Reaktionszeit erhaltenen Ausbeuten absolut gesehen sehr niedrig sind. Die Unterschiede in der Wirksamkeit der einzelnen Amine ist jedoch sehr klar erkennbar. Der Versuch mit einem vorwiegend sekundäre Olefine enthaltenden n-Octen-Isomerengemisch zeigt die verminderte Reaktivität der Olefine mit innenstehender Doppelbindung gegenüber den isomeren α-Olefinen (vgl. Versuch 3/6). Man beachte jedoch die Zusammensetzung des erhaltenen Nonanol-Isomerengemisches mit dem relativ hohen Anteil an n-Nonanol-1, das nur über eine Isomerisierungsreaktion der Olefine mit innenstehender Doppelbindung bzw. durch Stellungsisomerisierung einer intermediär gebildeten sekundären metallorganischen Zwischenverbindung entstanden sein kann.

Von den getesteten Aminen war das N-Methylpyrrolidin, das bereits bei den Versuchen mit verschiedenen Lösungsmitteln eingesetzt worden war, die wirksamste Base. Es wurde auch bei allen weiteren Versuchen ausschließlich verwendet.

Tab. 3 Hydrohydroxymethylierung von n-Octenen mit verschiedenen Aminen als basische Komponente des Eisencarbonyl-Komplexkatalysators*

Vers.-Nr.	Amin	Ausbeute an Nonanolen [%] **	Zusammensetzung des Nonanol-Isomerengemisches [%] ***			
			1	2	3	4
3/1	N-Methylpyrrolidin	12	73	24	2	1
3/2	N-Propylpyrrolidin	4	75	23	1	1
3/3	N-Butylpyrrolidin	2	77	23	0	0
3/4	Trimethylamin	2	nicht bestimmt			
3/5	Triäthylamin	0	–	–	–	–
3/6 ****	N-Methylpyrrolidin	5	33	42	17	8

* Konstante Reaktionsbedingungen: wie bei den Versuchen in Tab. 2, jedoch ohne Lösungsmittel; Aminmenge jeweils 0,9 Mol.
** Vgl. Tab. 2.
*** Vgl. Tab. 2.
**** Statt n-Octen-1 n-Octen-Isomerengemisch eingesetzt (4% n-Octen-1, 65% n-Octen-2, 22% n-Octen-3 und 9% n-Octen-4.

3.4 Einfluß von Temperatur und Druck auf die Hydrohydroxymethylierung von n-Octen-1

Entscheidende Veränderungen der Verhältnisse bei der Hydrohydroxymethylierung eines höhermolekularen Olefins waren durch eine Variation von Reaktionstemperatur und -druck nicht zu erwarten. Gleichwohl war es für das weitere Studium der Reaktion notwendig, das günstigste Druck- und Temperaturgebiet zu ermitteln. Wiederum wurde bei den Versuchen auf ein Lösungsmittel verzichtet. Die Tab. 4 zeigt die Ergebnisse einer Versuchsreihe im Bereich von 100 bis 200°C.
Unter den eingehaltenen konstanten Versuchsbedingungen (vor allem der gewählte Druck dürfte hier eine wichtige Rolle spielen) durchläuft die Reaktion im Gebiet von

Tab. 4 Temperaturabhängigkeit der Hydrohydroxymethylierung von n-Octen-1*

Vers.-Nr.	Temperatur [°C]	Ausbeute an Nonanolen [%] **	Zusammensetzung des Nonanol-Isomerengemisches [%] ***			
			1	2	3	4
4/1	100	2	55	45	–	–
4/2	125	3	62	38	–	–
4/3	150	16	78	20	2	
4/4	175	12	73	24	2	1
4/5	200	6	68	30	2	

* Konstante Versuchsbedingungen: wie bei den Versuchen in Tab. 2, jedoch ohne Lösungsmittel.
** Vgl. Tab. 2.
*** Vgl. Tab. 2.

150 bis 175°C ein Optimum. Die bei den niedrigen Reaktionstemperaturen (Versuch 4/1 und 4/2) zu beobachtende geringere Bildung des unverzweigten Reaktionsproduktes ist möglicherweise auf selektive Verluste des höhersiedenden n-Nonanol-1 bei der destillativen Aufarbeitung der sehr geringen Produktmengen zurückzuführen. Erwartungsgemäß sollte der n-Nonanol-1-Anteil im Reaktionsprodukt bei den tieferen Versuchstemperaturen am höchsten sein. Das Absinken der Gesamtausbeute an n-Nonanolen bei den höheren Reaktionstemperaturen wird zumindest teilweise durch die niedrigere Konzentration bzw. den Zerfall der aktiven Katalysatorform bei diesen Temperaturen verursacht. Ein weiterer Grund hierfür kann die doppelbindungsisomerisierende Wirkung des Katalysatorsystems sein. Das α-Olefin wird dadurch vor allem bei den höheren Temperaturen sehr schnell in die weniger reaktiven Olefinisomeren mit innenstehender Doppelbindung umgewandelt. Die Tab. 4a zeigt die Zusammensetzung des nicht umgesetzten zurückgewonnenen Octens aus den Versuchen der Tab. 4.

Tab. 4a Zusammensetzung des nicht umgesetzten Octens aus den Versuchen der Tab. 4

Vers.-Nr.	Temperatur [°C]	Isomerenverteilung im Rückolefin * [%]				
		n-Octan	n-Octen-1	2	3	4
4/1	100	n. b.	n. b.	n. b.	n. b.	n. b.
4/2	125	0	73	22	4	1
4/3	150	Spur	50	46	4	Spur
4/4	175	Spur	23	65	10	2
4/5	200	1	20	62	13	4

* cis/trans-Verhältnis bei den sekundären Olefinen 1 : 3 bis 1 : 5.

Bei einer Reaktionstemperatur von 175°C wurde jetzt der Einfluß des Kohlenoxiddruckes auf die Hydrohydroxymethylierung von n-Octen-1 untersucht. Der Kohlenoxidkaltdruck wurde von 50 bis 275 at variiert. Wiederum wurde ohne Lösungsmittel gearbeitet. Die Nonanolausbeute (ca. 12%) änderte sich im Bereich von 100 bis 275 at nicht. Unter 100 atm Kohlenoxiddruck (kalt) sank die Nonanolausbeute stark ab. Es ließ sich eine Zersetzung des Eisencarbonyl-N-Methylpyrrolidin-Komplexkatalysators beobachten.

3.5 Das Katalysatormetall bei der Hydrohydroxymethylierung der Olefine

Die Angaben in der Literatur und die bisher durchgeführten eigenen Versuche ließen deutlich erkennen, daß eine grundlegende Verbesserung der Alkoholsynthese nach REPPE sowie eine uneingeschränkte Übertragung der Reaktion auf höhermolekulare Olefine nur durch ein wirksames Katalysatorsystem, wie es die Kombination Eisenpentacarbonyl-tert.-Amin darstellt, erreicht werden kann.
Die Verwendung von Rutheniumcarbonyl an Stelle des Eisencarbonyls wird in einem Patent beschrieben [60]. Vorteile gegenüber dem Eisencarbonyl bringt das Rutheniumcarbonyl jedoch nicht. Kobaltcarbonyl oder Nickelcarbonyl, die bei Carbonylierungsreaktionen der Olefine gebräuchlichsten Katalysatoren, führen unter den Bedingungen der Alkoholsynthese nach REPPE zu Carbonsäuren (Hydrocarboxylierungsreaktion der Olefine) [5, 61].

Über ausgezeichnete Erfolge bei der homogen katalysierten Hydrierung von Olefinen mit Hilfe von »bimetallischen« Komplexverbindungen, z. B. des Platins und Zinns, wurde in der Literatur in neuerer Zeit häufig berichtet [62]. BOOTH und Mitarbeiter [63] fanden, daß Eisenpentacarbonyl, das allein die Hydroformylierung eines Olefins praktisch nicht katalysieren kann, durch Spuren von Kobaltverbindungen, die infolge ihrer zu niedrigen Konzentration allein auch nicht wirksam sind, in ein hochaktives Katalysatorsystem für die Oxosynthese umgewandelt werden kann. Ob der synergistische Effekt des Kobalts auf das Eisencarbonyl in der Ausbildung eines besonders wirksamen bimetallischen Eisen–Kobalt-Carbonyls zu suchen ist, ist nicht klar. Diese Befunde aus der Literatur veranlaßten uns jedoch, nach einem eventuellen kokatalytischen Effekt der verschiedensten Metalle bzw. Metallverbindungen auf den Eisencarbonylkatalysator der Alkoholsynthese nach REPPE zu suchen. Zuerst wurde, jedoch ohne Erfolg, Kobalt als Kokatalysator der Hydrohydroxymethylierung getestet. Auch Manganverbindungen waren ohne Wirkung. Einen ganz ausgezeichneten kokatalytischen Effekt zeigten jedoch bereits geringste Konzentrationen an Rhodiumverbindungen: Nach Zusatz von etwa 10^{-2} Mol-% Rhodium(III)-oxid (bezogen auf das Olefin) zu einem typischen in Tab. 2 beschriebenen Hydrohydroxymethylierungsversuch von Octen-1 konnte bei einer dreistündigen Reaktionszeit und ohne Verwendung eines Lösungsmittels ein praktisch quantitativer Umsatz zu einem C_9-Alkohol-Isomerengemisch erreicht werden! Verglichen mit dem Rhodium besaßen alle weiteren getesteten Übergangsmetalle keine kokatalytische Aktivität, so daß die weiteren Untersuchungen im wesentlichen auf das Katalysatorsystem Eisenpentacarbonyl/Rhodium/N-Methylpyrrolidin konzentriert wurden.

3.5.1 Temperatur- und Druckabhängigkeit der Hydrohydroxymethylierung von n-Octen-1 mit dem Katalysatorsystem Eisenpentacarbonyl/Rhodium/N-Methylpyrrolidin

In der Tab. 5 sind einige typische im Temperaturbereich von 100 bis 200°C durchgeführte Versuche zur Hydrohydroxymethylierung von n-Octen-1 mit dem rhodiummodifizierten Katalysatorsystem zusammengefaßt. Die eingehaltenen konstanten Reaktionsbedingungen gehen aus der Legende zur Tabelle hervor. Oberhalb 175°C werden ausschließlich C_9-Alkohole erhalten. Die Ausbeute, bezogen auf eingesetztes Olefin, ist nahezu quantitativ. Bei tieferen Temperaturen sinkt der in gleicher Reaktionszeit erreichbare Olefinumsatz stark ab. Außerdem tritt dann die Bildung von Aldehyden immer mehr in den Vordergrund. Interessant ist die Zusammensetzung der C_9-Alkohol-Isomerengemische, die mit dem rhodiummodifizierten Katalysatorsystem erhalten werden.

Der Anteil an unverzweigtem Reaktionsprodukt ist erheblich geringer als bei den nur mit dem Eisencarbonyl-tert. Amin-Katalysator durchgeführten Versuchen. Bei der rhodiumkatalysierten Hydroformylierung von Octen-1 wird ein Aldehyd-Isomerengemisch vergleichbarer Zusammensetzung gebildet [64]; dies ist mit ein Hinweis darauf, daß in dem rhodiummodifizierten Katalysatorsystem der REPPEschen Alkoholsynthese dem Rhodium die carbonylierende Aktivität zukommt, während der Eisencarbonyl–Amin-Komplex die hydrierende Wirkung (Reduktion der primär gebildeten Aldehyde zu den Alkoholen) ausübt. Wie aus den weiteren Untersuchungen noch deutlich hervorgehen wird, darf man nicht von einer reinen Additivität in der Wirkung der einzelnen Komponenten der Katalysatorsysteme sprechen, da echte synergistische Effekte der beiden Katalysatormetalle unverkennbar sind.

In einer weiteren Versuchsreihe wurde die Druckabhängigkeit der Hydrohydroxymethylierung mit dem neuen Katalysatorsystem untersucht. Die Ergebnisse einiger

Tab. 5 *Temperaturabhängigkeit der Hydrohydroxymethylierung von n-Octen-1 mit dem rhodiummodifizierten Katalysatorsystem**

Vers.-Nr.	Temperatur [°C]	Ausbeute** [%]	Rückstand [g]	Nonanale im Reaktionsprodukt [%]	Nonanole im Reaktionsprodukt [%]	Isomerenverteilung*** [%] in der Nonanalfraktion				Isomerenverteilung*** [%] in der Nonanolfraktion			
						1	2	3	4	1	2	3	4
5/1	100	15	2	91	9	80	20	0	0	60	40	0	0
5/2	125	36	3	58	42	42	33	14	11	63	30	4	3
5/3	150	65	5	40	60	31	36	18	15	64	28	4	4
5/4	175	94	3	0	100	–	–	–	–	44	33	12	11
5/5	200	97	1	0	100	–	–	–	–	40	34	14	12

* Konstante Reaktionsbedingungen: 200 at (CO-Kaltdruck); 3 Std. Reaktionszeit (2 Std. Aufheizzeit); 0,5 l-Schüttelautoklav; Ansatz: 0,6 Mol (67 g) n-Octen-1, 1,5 Mol (27 g) Wasser; 0,06 Mol (11,8 g) Eisenpentacarbonyl; 0,0003 Mol (0,076 g) Rhodium(III)-oxid; 0,9 Mol (76,5 g) N-Methylpyrrolidin.
** Ausbeute an Gesamtreaktionsprodukten (Nonanale und Nonanole), bez. auf eingesetztes n-Octen-1.
*** 1 = n-Nonanal bzw. n-Nonanol-1; 2 = 2-Methyloctanal bzw. 2-Methyloctanol-1; 3 = 2-Äthylheptanal bzw. 2-Äthylheptanol-1; 4 = 2-n-Propylhexanal bzw. 2-n-Propylhexanol-1.

typischer Versuche, die im Bereich von 50 bis 275 at (Kohlenmonoxidkaltdruck) ausgeführt worden waren, zeigt die Tab. 6.

Tab. 6 Druckabhängigkeit der Hydrohydroxymethylierung von n-Octen-1 mit dem rhodiummodifizierten Katalysatorsystem *

Vers.-Nr.	Druck (CO-Kaltdruck) [at]	Ausbeute** [%]	Rückstand [g]	Nonanale im Reaktionsprodukt [%]	Nonanole im Reaktionsprodukt [%]	Isomerenverteilung [%] *** in der Nonanolfraktion			
						1	2	3	4
6/1	50	21	1	0	100	61	27	6	6
6/2	100	50	2	0	100	56	30	6	8
6/3	150	77	3	0	100	48	32	10	10
6/4	200	94	4	0	100	44	33	12	11
6/5	275	95	5	8	92	45	39	12	4

* Konstante Reaktionsbedingungen: 175°C; im übrigen wie bei den Versuchen in Tab. 5.
** Vgl. Legende zu Tab. 5.
*** Vgl. Legende zu Tab. 5.

Die Ausbeute an C_9-Verbindungen nimmt mit steigendem Druck zu. Die Bildung eines Rückstandes bei der destillativen Aufarbeitung des Reaktionsproduktes ist gering (ein erheblicher Teil des Rückstandes besteht im übrigen aus Katalysatorresten!). Während die Temperatur einen stärkeren Einfluß auf die Isomerenbildung ausübt (vgl. Tab. 5), zeigt der Druck hierauf nur unterhalb 100 at – hier wird die Bildung des unverzweigten Reaktionsproduktes bevorzugt – eine Wirkung (vgl. Versuch 6/1 und 6/2). Hier wie auch bei den weiter unten beschriebenen Versuchen stellt man allgemein fest, daß höhere Ausbeuten an unverzweigtem Produkt immer dann erhalten werden, wenn der Umsatz gering ist. In diesen Fällen ist nämlich auch die gleichzeitig verlaufende Doppelbindungsisomerisierung im eingesetzten 1-Olefin noch nicht weit fortgeschritten, wodurch die begünstigtere Bildung des unverzweigten Reaktionsproduktes zwanglos erklärt wird.

3.5.2 Einfluß der Rhodiumkonzentration auf die Hydrohydroxymethylierung von n-Octen-1

Kombiniert man die Ergebnisse der Tab. 5 (S. 22) mit denen der Tab. 6 (s. oben), so ergibt sich, daß die Hydrohydroxymethylierung von n-Octen-1 mit Wasser und Kohlenoxid in Gegenwart von Eisenpentacarbonyl, Rhodiumoxid und N-Methylpyrrolidin bei 175°C und 200 at Kaltdruck günstig verläuft. In einer weiteren Versuchsreihe wurde nun der Einfluß der Rhodium-Konzentration auf die Synthese untersucht. Nach jedem Versuch wurde der Autoklav mit Tricyclohexylphosphin (3–4 g) und Benzol (ca. 150 ml) als Lösungsmittel unter 200 at CO : H_2-Druck (1 : 1) bei erhöhter Temperatur (150 bis 160°C) 2–3 Stunden behandelt. Damit wurde bezweckt, die vom vorhergehenden Versuch an den Autoklavenwänden haftenden Rhodiumreste, die die Ergebnisse des folgenden Versuches verfälschen würden, in Form eines stabilen Rhodiumcarbonyl-Phosphin-Komplexes zu entfernen. Diese Prozedur wurde jeweils so oft wiederholt, bis ein entsprechender Blindversuch die völlige Abwesenheit von Rhodium im Autoklaven anzeigte.

Wie aus der folgenden Tab. 7 ersichtlich, genügt bei 175°C und 200 at CO-Kaltdruck bereits ein Zusatz von $5 \cdot 10^{-3}$ Mol-% Rhodiumoxid (bezogen auf eingesetztes Olefin) zum Eisenpentacarbonyl und N-Methylpyrrolidin für eine praktisch quantitative Hydrohydroxymethylierung des n-Octen-1 (Versuch 7/3–7/5). Man erhält stets ein aldehydfreies Nonanol-Isomerengemisch, das sich durchschnittlich aus 45% n-Nonanol-1, 32% 2-Methyloctanol-1, 12% 2-Äthylheptanol-1 und 11% 2-Propylhexanol-1 zusammensetzt. Die sehr geringen Mengen an Rückstand bestehen vorwiegend aus Katalysatorresten. Der größere Anteil an Nonanol-1 in Versuch 7/1 findet seine Erklärung in der geringen Gesamtausbeute an Alkoholen bei diesem Versuch mit sehr geringer Rhodiumkonzentration (vgl. auch 3.5.1).

Tab. 7   Einfluß der Rhodiumkonzentration auf die Hydrohydroxymethylierung von n-Octen-1*

Vers.-Nr.	Rh_2O_3 [Mol.-%]	Ausbeute** [%]	Rückstand [g]	Nonanale im Reaktionsprodukt [%]	Nonanole im Reaktionsprodukt [%]	Isomerenverteilung [%] *** im Nonanolgemisch			
						1	2	3	4
7/1	$5 \cdot 10^{-4}$	27	1	0	100	62	31	6	1
7/2	$5 \cdot 10^{-3}$	82	3	Spuren	100	48	29	12	11
7/3	$1 \cdot 10^{-2}$	94	3	0	100	46	30	13	11
7/4	$2 \cdot 10^{-2}$	94	3	0	100	45	33	11	11
7/5	$5 \cdot 10^{-2}$	94	4	0	100	44	33	12	11

* Konstante Reaktionsbedingungen: 175°C, im übrigen wie bei den Versuchen in Tab. 5.
** Vgl. Legende zu Tab. 5.
*** Vgl. Legende zu Tab. 5.

3.5.3 Einfluß der Aminkomponente im rhodiummodifizierten Katalysatorsystem der Alkoholsynthese nach REPPE

Das systematische Studium der durch Eisencarbonyl, Rhodiumoxid und N-Methylpyrrolidin katalysierten Hydrohydroxymethylierung von n-Octen-1 wurde vorerst mit der Untersuchung des Einflusses von Art und Menge des eingesetzten Amins abgeschlossen. Die dazugehörigen Versuche wurden unter den bisher ermittelten optimalen Bedingungen durchgeführt. Die Reaktionsbedingungen sowie die erhaltenen Ergebnisse

Tab. 8   Einfluß der N-Methylpyrrolidinmenge auf die Hydrohydroxymethylierung von n-Octen-1 mit dem rhodiummodifizierten Katalysatorsystem*

Vers.-Nr.	Aminkonz.** [Mol = %]	Ausbeute** [%]	Nonanale im Reaktionsprodukt [%]	Nonanole im Reaktionsprodukt [%]	Isomerenverteilung*** [%] in der							
					Nonanalfraktion				Nonanolfraktion			
					1	2	3	4	1	2	3	4
9/1	9	25	96	4	43	34	12	11	49	32	7	12
9/2	19	73	77	23	27	41	17	15	61	28	6	5
9/3	38	82	21	79	3	39	31	27	54	30	8	8
9/4	75	82	9	91	2	22	39	37	41	37	12	10
9/5	150	88	5	95	0	22	40	38	37	36	14	13

* Konstante Reaktionsbedingungen: 175°C, 95 ml Methanol als Lösungsmittel, im übrigen wie bei den Versuchen in Tab. 5.
** Ausbeute, bezogen auf eingesetztes n-Octen-1.
*** Vgl. Legende zu Tab. 5.

sind in der Tab. 8 aufgeführt. Bei den sämtlichen Versuchen wurden im Hinblick auf die kleinen Mengen an verwendetem N-Methylpyrrolidin bei den Versuchen 8/1 und 8/2 93 ml Methanol als Lösungsmittel eingesetzt.

Aus der Tab. 8 ist ersichtlich, daß mit steigender Menge an eingesetztem N-Methylpyrrolidin die Gesamtausbeute an Nonanal–Nonanol-Gemisch sowie der Alkoholanteil des Gemisches zunehmen. Bei einer N-Methylpyrrolidin-Konzentration von ca. 9 Mol-% (bezogen auf n-Octen-1) erhält man eine Gesamtausbeute von 25% an Nonanal–Nonanol-Gemisch mit einem 96prozentigen Aldehydgehalt (Versuch 8/1), während bei einer N-Methylpyrrolidin-Konzentration von 150 Mol-% die Gesamtausbeute schon 88% beträgt. Das Produkt enthält außerdem nur noch 5% Aldehyde. Die Isomerenverteilung der Produkte wird durch Variation der Aminmenge nicht stark beeinflußt. (Die Abnahme des n-Nonanal- und 2-Methyloctanalanteils in der Aldehydfraktion mit steigender Aminmenge ist auf die bevorzugte Reduktion dieser Aldehyd-Isomeren zu den Alkoholen zurückzuführen.)

Wenn hohe Ausbeuten an Alkoholen erzielt werden sollen, muß also die Aminkomponente in genügend hohem Überschuß vorhanden sein. Die geringen Unterschiede zwischen den unter sonst gleichen Bedingungen durchgeführten Versuchen 7/4 und 8/5 bezüglich der Gesamtausbeute (94% gegenüber 88%) und der Zusammensetzung des Nonanal–Nonanol-Gemisches (0% Aldehyd gegenüber 5% Aldehyd) sind sehr wahrscheinlich auf die Mitverwendung von Methanol bei Versuch 8/5 zurückzuführen.

In weiteren Versuchen wurde nun der Einfluß der Alkylkettenlänge einiger N-Alkylpyrrolidine auf die Ausbeute und Zusammensetzung der bei der Alkoholsynthese entstehenden Produkte untersucht. Zum Einsatz gelangten neben N-Cyclohexylpyrrolidin die N-n-Alkylpyrrolidine von N-Methyl bis N-n-Hexyl mit Ausnahme des N-Äthylpyrrolidins. Die Versuchsdurchführung und Aufarbeitung geschahen wie üblich. Es wurde mit einer konstanten Volumenmenge (93 ml) an Alkylpyrrolidin gearbeitet. Der Zusatz von (ebenfalls 93 ml) Methanol bei diesen Versuchen sollte, insbesondere bei den höheralkylierten Pyrrolidinen, die Löslichkeit der Aminkomponente im Wasser (oder umgekehrt) fördern.

Die erhaltenen Ergebnisse gibt die Tab. 9 wieder. Es ist daraus ersichtlich, daß mit steigender Alkylkettenlänge des N-Alkylpyrrolidins (von CH_3- zu n-$CH_3(CH_2)_5$-) sowohl die Gesamtausbeute an Nonanalen und Nonanolen als auch der Anteil an

Tab. 9 *Einfluß verschiedener N-Alkylpyrrolidine auf die Hydrohydroxymethylierung von n-Octen-1 mit dem rhodiummodifizierten Katalysatorsystem**

Vers.-Nr.	N-Alkyl-pyrrolidin	Ausbeute* [%]	Nonanale im Reaktionsprodukt [%]	Nonanole im Reaktionsprodukt [%]	Isomerenverteilung*** [%] in der							
					Nonanalfraktion				Nonanolfraktion			
					1	2	3	4	1	2	3	4
9/1	Methyl-	88	5	95	0	22	40	38	37	36	14	13
9/2	n-Propyl-	81	19	81	nicht bestimmt							
9/3	n-Butyl-	72	42	58	13	40	24	23	44	39	9	8
9/4	n-Pentyl-	60	63	37	29	38	17	16	49	35	10	6
9/5	n-Hexyl-	56	85	15	36	36	15	13	51	36	7	6
9/6	Cyclohexyl-	17	10	90	0	89	6	5	32	36	21	11

* Konstante Reaktionsbedingungen: vgl. Legende zu Tab. 8.
** Vgl. Legende zu Tab. 5.
*** Vgl. Legende zu Tab. 5.

Tab. 10 Wirksamkeit verschiedener tertiärer Amine auf die Hydrohydroxymethylierung von n-Octen-1 mit dem rhodiummodifizierten Katalysatorsystem*

Vers.-Nr.	Amin	pK$_B$-Wert	Ausbeute** [Gew.-%]	Rückstand** (Dicköl) [Gew.-%]	Nonanale im Reaktionsprodukt [%]	Nonanole Reaktionsprodukt [%]	Isomerenverteilung*** [%] in der Nonanalfraktion				Nonanolfraktion			
							1	2	3	4	1	2	3	4
10/1	N-Methylpyrrolidin	3,8	92	9	1	99	20	20	30	30	39	35	14	11
10/2	N-Methylpyperidin	3,9	93	5	3	97	0	22	39	39	41	35	13	11
10/3	N-Äthylpiperidin	3,5	89	4	0	100	–	–	–	–	34	38	15	13
10/4	N-Cyclohexylpiperidin	3,3	80	9	3	97	0	14	43	43	40	38	12	10
10/5	1.2-Bis-(dimethylamino)-äthan	4,9 (8,3)	82	4	0	100	–	–	–	–	47	33	11	9
10/6	1.3-Bis-(dimethylamino)-propan	4,2 (6,3)	79	13	25	75	17	35	26	22	47	35	10	8
10/7	1.6-Bis-(dimethylamino)-hexan	4–5+	47	25	75	25	28	36	19	17	48	36	8	8
10/8	Tri-n-propylamin	3,7	82	9	1	99	0	0	40	60	29	39	17	15
10/9	1-Dimethylamino-2-hydroxy-propan	3–4+	63	26	50	50	20	41	24	15	50	34	10	6
10/10	N,N-Dimethylbenzylamin	5,1	87	4	0	100	–	–	–	–	29	36	20	15
10/11	Tribenzylamin	5+	35	9	0	100	–	–	–	–	31	38	16	15
10/12	N,N-Dimethylcyclohexylamin	3,3	80	9	3	97	2	5	72	21	36	38	15	11
10/13	N-Äthylmorpholin	6,3	94	2	0	100	–	–	–	–	34	35	17	14
10/14	1.4-Dimethylpiperazin	4–5+	78	20	0	100	–	–	–	–	36	40	13	11
10/15	N,N-Diisopropyl-äthylamin	–	65	13	15	85	3	24	37	36	18	46	21	15
10/16	β-Dimethylamino-propionsäure-äthylester	5,5	14	4	90	10	14	44	23	19	16	47	18	19

* Konstante Reaktionsbedingungen: 175°C; 200 at (CO-Kaltdruck); 5 Std. Gesamtreaktionszeit. Ansatz: 0,2 Mol n-Octen-1, 0,5 Mol Wasser, 0,02 Mol Eisenpentacarbonyl, 0,001 Mol Rhodium(III)-oxid und 30 ml des jeweiligen Amins.
** Bezogen auf eingesetztes n-Octen-1. *** Vgl. Legende zu Tab. 5. + Geschätzte Werte.

Nonanolen im Reaktionsprodukt absinken. So erhält man z. B. bei Verwendung von N-Methylpyrrolidin in 88prozentiger Ausbeute ein Nonanal–Nonanol-Gemisch, das zu 99% aus Nonanolen besteht (Versuch 9/1). Beim Arbeiten mit N-n-Hexylpyrrolidin ist dagegen eine Gesamtausbeute von nur noch 56% zu verzeichnen; außerdem enthält das Produkt 85% Nonanale (Versuch 9/5). Diese Erscheinung hängt wahrscheinlich mit der Tatsache zusammen, daß bei den höher alkylierten Pyrrolidinen die am Stickstoff haftenden voluminösen Liganden die Reaktionsfähigkeit des Amins bei der Ausbildung der katalytisch aktiven Spezies mit Eisenpentacarbonyl und Rhodiumcarbonyl aus sterischen Gründen ungünstiger beeinflussen. Ein weiterer Grund für die beobachtete Tendenz der Reaktion könnte in der unterschiedlichen Basizität der verwendeten Pyrrolidin-Derivate liegen.

Interessant sind die mit N-Cyclohexylpyrrolidin erhaltenen Ergebnisse (Versuch 9/6). Ein Übergang von N-n-Hexyl- (Versuch 9/5) zu N-Cyclohexylpyrrolidin verursacht ein Absinken der Gesamtausbeute von 56 auf 17%! Überraschenderweise besteht aber das Reaktionsprodukt zu 90% aus Alkoholen, wogegen mit dem N-n-Hexylpyrrolidin als Aminkomponente nur 15% Alkohole im Endprodukt gefunden wurden.

In einem gesonderten Versuchsprogramm* wurde schließlich das Verhalten verschiedenster anderer tertiärer Amine bei der Alkoholsynthese nach REPPE mit dem rhodiummodifizierten Katalysatorsystem untersucht. Die Versuche wurden in einem kleinen 150 ccm (brutto) fassenden Hubrührautoklaven der Firma Autoclave Engineers durchgeführt. Die mit den untersuchten Aminen erhaltenen Reaktionsergebnisse gehen ebenso wie die eingehaltenen Reaktionsbedingungen aus der Tab. 10 hervor.

Da die Reaktionen in Tab. 10 gegenüber den anderen in dieser Arbeit beschriebenen Versuchen unter etwas geänderten Bedingungen durchgeführt wurden, ist das N-Methylpyrrolidin als Standardamin zum Vergleich noch einmal eingesetzt worden. Man erkennt, daß auch noch einige andere Amine die gleiche Aktivität für die Hydrohydroxymethylierung des n-Octen-1 mit dem rhodiummodifizierten Katalysatorsystem wie das N-Methylpyrrolidin besitzen. Es sind dies das N-Äthylpiperidin, das 1.2-Bis-(dimethylamino)-äthan, das N,N-Dimethyl-benzyl-amin sowie das N-Äthylmorpholin. Die Isomerenverteilung in der resultierenden C_9-Alkoholfraktion ist durch die Wahl des Amins durchaus beeinflußbar. Der Anteil an unverzweigtem n-Nonanol-1 ist bei Verwendung von N,N-Dimethyl-benzylamin als Aminkomponente des Katalysatorsystems mit 29% am geringsten. Durch 1.2-Bis-(dimethylamino)-äthan wird die n-Nonanol-1-Konzentration im C_9-Alkoholgemisch auf fast 50% erhöht. Das N-Methylpyrrolidin nimmt in dieser Hinsicht eine Mittellage ein. Eindeutige Zusammenhänge zwischen dem pK_B-Wert und der katalytischen Aktivität eines Amins bei der Alkoholsynthese nach REPPE sind nicht erkennbar. Sie dürften zwar vorhanden sein, werden aber durch andere Faktoren (z. B. sterische Effekte) vollständig überdeckt.

3.6 Untersuchungen über die Wirkung der Rhodiumkomponente des Katalysatorsystems zur Alkoholsynthese nach REPPE

Die im vorangegangenen Abschnitt gezeigten Ergebnisse beweisen, daß zur Hydrohydroxymethylierung von n-Octen-1 das Rhodiumoxid–Eisencarbonyl-Amin-Katalysatorsystem dem einfachen Eisencarbonyl-Amin-Katalysator weit überlegen ist. Bei dieser verbesserten Reppe-Alkoholsynthese wurde zunächst rein formal dem Rhodium die Funktion des CO-Überträgers und dem Eisen die des hydrierenden Agens zuge-

---

* Ausgeführt von A. GEURTS (Diplomarbeit) am Institut für Technische Chemie und Petrolchemie der Techn. Hochschule Aachen 1968.

schrieben. Im Laufe der Optimierungsversuche wurde ferner gefunden, daß die durch das neue Katalysatorsystem bewirkte Hydrohydroxymethylierung von n-Octen-1 unterhalb bestimmter Temperaturen (vgl. Tab. 5, S. 22), CO-Drücke (vgl. Tab. 6, S. 23) sowie Katalysator- (vgl. Tab. 7, S. 24) und Aminkonzentrationen (vgl. Tab. 8, S. 24) schlechte Raum–Zeit-Ausbeuten liefert. Diese und weitere Beobachtungen legten eine nähere Untersuchung der Rolle des Rhodiums bei der Reaktion nahe.

3.6.1 *Umsetzung von n-Octen-1 mit Wasser und Kohlenoxid in verschiedenen Lösungsmitteln und Aminen unter Verwendung von Rhodiumoxid allein als Katalysator*

Zur Klärung der Frage, ob Rhodiumoxid in Abwesenheit von Eisenpentacarbonyl noch immer die Hydrohydroxymethylierung von Olefinen katalysieren kann, wurden die in der Tab. 11 aufgeführten Versuche durchgeführt. Zunächst wurde n-Octen-1 mit Wasser und Kohlenoxid ohne Amin oder Lösungsmittel in Gegenwart von Rhodiumoxid als Katalysator umgesetzt. Dieser Versuch blieb ohne Erfolg (Versuch 11/1). Daraufhin wurde unter sonst gleichen Bedingungen in Gegenwart von einigen wasserlöslichen organischen Lösungsmitteln gearbeitet (Versuch 11/2–11/6). Auch diese Versuchsreihe brachte keinen entscheidenden Erfolg. Von den verwendeten Lösungsmitteln ergab Methanol (Versuch 11/4) die beste Ausbeute (16%) an Nonanal/Nonanol-Gemisch, das zum größten Teil (88%) aus Aldehyden bestand. Daher wurde diese Versuchsreihe erweitert, indem die rhodiumkatalysierte Umsetzung von n-Octen-1 mit Kohlenoxid und Wasser in verschiedenen tertiären Aminen vorgenommen wurde (Versuch 11/7–11/11). Das sich so ergebende Reaktionssystem ähnelt dem der Reppe-Alkoholsynthese, allerdings mit dem wesentlichen Unterschied, daß nur Rhodium und nicht auch Eisenpentacarbonyl als Katalysator anwesend ist. Es wurden dabei absichtlich wasserlösliche Amine gewählt, um somit einen eventuellen unterschiedlichen Löslichkeitseinfluß möglichst weitgehend auszuschalten. Wie aus der Tab. 11 hervorgeht, liefert die Verwendung von Aminen überraschende Ergebnisse. Man erhält mit den angeführten Aminen (mit Ausnahme des Pyridins) respektable Ausbeuten an Nonanal–Nonanol-Gemischen (z. B. 67% mit N-Methylpyrrolidin, Versuch 11/8) mit einem überwiegenden Anteil an Aldehyden (ca. 70%).

Damit gelang es zum ersten Male, unter relativ milden Reaktionsbedingungen durch die rhodiumkatalysierte Umsetzung eines höhermolekularen Olefins mit Wasser und Kohlenoxid unter Verwendung von bestimmten Aminen hohe Ausbeuten an den entsprechenden Aldehyden bzw. Alkoholen zu erzielen. Nebenreaktionen, wie Kondensationen, Carbonsäurebildung bzw. Ketonbildung, treten dabei nicht auf.

Wie ein Vergleich der Versuche 11/7–11/11 zeigt, spielt die Basizität des eingesetzten Amins eine wichtige Rolle bei der Synthese. Die besten Ausbeuten lieferten N-Methylpyrrolidin (Versuch 11/8) und Trimethylamin (Versuch 11/10). Die Basizität der beiden Amine ist fast gleich. Bei stärker basischen (Triäthylamin, pK_B-Wert 3,2) oder auch schwächer basischen Aminen (N-Äthylmorpholin, pK_B-Wert 6,3) liegen die Ausbeuten niedriger. Verwendet man eine sehr schwache Base, wie Pyridin, so bleibt die Reaktion unter den gegebenen Bedingungen praktisch aus (Versuch 11/7).

Über die Umsetzung von Olefinen mit Wasser und Kohlenoxid in Gegenwart von Rhodiumverbindungen sind aus der Literatur nur wenige Angaben bekannt [65–68]. Man arbeitet bei sehr hohen Drücken und Temperaturen, und es entsteht mit außerordentlich geringen Ausbeuten meistens ein undefiniertes, hauptsächlich aus Carbonsäuren und Ketonen bestehendes Produkt. ALDERSON [66] beansprucht den Patentschutz für den Einsatz von Edelmetallhalogeniden der VIII. Gruppe in Kombinationen mit einer Base, wie Pyridin, Chinolin oder einer Verbindung der allgemeinen Formel

Tab. 11 Umsetzung von n-Octen-1 mit Wasser und Kohlenoxid mit Rhodium(III)-oxid und verschiedenen Lösungsmitteln bzw. Aminen als Katalysator*

Vers.-Nr.	Lösungsmittel	Ausbeute** (Nonanal-Nonanol-Gemisch) [%]	Rückstand [g]	Nonanale im Reaktionsprodukt [%]	Nonanole [%]	Isomerenverteilung*** in der Nonanalfraktion				Nonanolfraktion			
						1	2	3	4	1	2	3	4
11/1	–	1	1,3	nicht analysiert									
11/2	Aceton	4	0,5	96	4	36	36	14	13	35	42	12	11
11/3	Tetrahydrofuran	2	1,0	97	3	37	37	14	12	33	41	13	13
11/4	Methanol	16	0,6	88	12	35	36	16	13	29	43	14	14
11/5	Acetonitril	8	0,9	98	2	39	34	15	12	39	39	11	11
11/6	Dimethylformamid	2	0,5	87	13	42	39	11	8	55	30	8	7
11/7	Pyridin	9	2,0	97	3	39	36	15	10	29	44	14	13
11/8	N-Methylpyrrolidin	67	1,6	71	29	29	38	18	15	39	40	11	10
11/9	N-Äthylmorpholin	50	3,2	71	29	35	34	16	15	40	39	11	10
11/10	Trimethylamin	65	2,5	66	34	25	38	19	18	42	38	11	9
11/11	Triäthylamin	52	1,8	84	16	29	38	19	15	48	34	9	9

* Konstante Reaktionsbedingungen: 175°C; sonst vgl. Legende zu Tab. 5 (Amin- oder Lösungsmittelmenge 93 ml).
** Vgl. Legende zu Tab. 5.
*** Vgl. Legende zu Tab. 5.

R_3M (M = N, P, As, Sb, Bi und R = H-, Alkyl- oder Aryl-) zur Darstellung von Aldehyden, Ketonen und Alkoholen aus einem C_4- bis C_6-Olefin, Wasser und Kohlenoxid. Trotz der drastischen Druck- und Temperaturbedingungen werden nur sehr niedrige Ausbeuten an einem Reaktionsprodukt undefinierter Zusammensetzung erhalten.

Im Laufe ihrer Versuche zur Hydrocarboxylierung von Olefinen mit Wasser (bzw. Methanol) und Kohlenoxid in Gegenwart von $Rh_6(CO)_{16}$ und Pyridin stellten IMYANITOV und Mitarbeiter [67] fest, daß das Reaktionsgas aus der Umsetzung von Wasser und Kohlenoxid (450 at) in Gegenwart von Pyridin und Rhodiumcarbonyl bei 210°C bis zu 30% Wasserstoff enthielt, während bei 160°C nur noch 3% Wasserstoff gefunden wurden. Diese Ergebnisse deuten auf eine durch Rhodiumcarbonyl katalysierte Konvertierung des Kohlenoxids mit Wasser bei Temperaturen über 210°C hin. Nach IMYANITOV und Mitarbeitern [67] trägt diese Erscheinung ebenfalls der von ALDERSON [66] festgestellten Aldehyd- bzw. Alkoholbildung bei der Umsetzung von Olefinen mit Wasser und Kohlenoxid in Gegenwart von beispielsweise einer Rhodiumverbindung Rechnung; denn der gebildete Wasserstoff kann zusammen mit dem Kohlenoxid eine rhodiumkatalysierte Hydroformylierungsreaktion bewirken.

Eine Berücksichtigung der oben erwähnten Befunde machte nun, insbesondere im Hinblick auf die Ergebnisse bei der Umsetzung von n-Octen-1 mit Wasser und Kohlenoxid in Gegenwart von Rhodiumoxid und verschiedenen Aminen (Versuch 11/7–11/11), eine Untersuchung der Reaktionsgase unerläßlich.

Dazu wurden Wasser (1,5 Mol) und Kohlenoxid (200 at Kaltdruck) in Gegenwart von Rhodiumoxid (0,0003 Mol) bei 175°C in einem Schüttelautoklaven umgesetzt, und zwar jeweils unter Verwendung von 93 ml Aceton (Versuch 12/1) und 93 ml N-Methylpyrrolidin (Versuch 12/2). Nach Ablauf der Reaktion (3 Std.) wurde dem noch heißen Autoklaven über ein Ventil eine Gasprobe entnommen und auf ihren Wasserstoffgehalt hin – in Tab. 12 als H_2/CO-Verhältnis angegeben – analysiert. Der CO_2-Gehalt wurde außer acht gelassen. Zum Vergleich wurde die Prozedur mit N-Methylpyrrolidin ferner in Gegenwart von Eisenpentacarbonyl (0,06 Mol) statt Rhodiumoxid wiederholt (Versuch 12/3). Die gewählten Reaktionsbedingungen und Reaktantenverhältnisse entsprachen denen der Umsetzungen mit n-Octen-1 und ermöglichen somit einen sinnvollen Vergleich der Versuchsergebnisse untereinander.

*Tab. 12 Versuche zur Konvertierung von Kohlenoxid und Wasser mit Rhodiumoxid bzw. Eisenpentacarbonyl mit einem Amin oder einem Lösungsmittel als Katalysator**

Vers.-Nr.	Katalysator	Amin bzw. Lösungsmittel (93 ml)	H_2/CO-Verhältnis im Reaktionsgas
Ausgangskohlenoxid	–	–	0,03
12/1	0,0003 Mol Rh_2O_3	Aceton	0,04
12/2	0,0003 Mol Rh_2O_3	N-MP**	0,4
12/3	0,06 Mol $Fe(CO)_5$	N-MP**	0,5

* Konstante Reaktionsbedingungen: 175°C, 200 at (CO-Kaltdruck) 3 Std.; Ansatz: H_2O = 27,0 g (1,5 Mol).
** N-MP = N-Methylpyrrolidin.

Aus der Tab. 12 geht interessanterweise hervor, daß das Rhodiumoxid unter den gegebenen Bedingungen nur in Anwesenheit eines Amins (hier N-Methylpyrrolidin) die Konvertierungsreaktion katalysiert (Versuch 12/2), während ein neutrales Lösungsmittel wie Aceton die Reaktion kaum noch fördert (Versuch 12/1). Aus dieser Notwendigkeit der Anwesenheit des Amins könnte man schließen, daß das Rhodiumoxid zunächst unter den Reaktionsbedingungen einen Rhodiumcarbonylwasserstoff–Amin-Komplex bildet, der die Konvertierungsreaktion katalysiert. Nach HIEBER und LAGALLY [69] ist Rhodium zwar zur Bildung von Rhodiumcarbonylwasserstoff fähig, allerdings gelang es bisher nicht, dessen Existenz etwa bei der rhodiumkatalysierten Hydroformylierung zu beweisen [70, 71]. Dagegen ist es gelungen, Rhodiumcarbonylwasserstoff-Komplexe zu isolieren, in denen die CO-Liganden vollständig oder teilweise durch Elektronendonatoren (wie z. B. Triphenylphosphin) ersetzt worden sind.

IMYANITOV und Mitarbeiter [67] bedienen sich folgender, vereinfachter Reaktionswege zur Erklärung der sehr geringen Wasserstoffbildung während der kobaltkatalysierten Hydrocarboxylierung von Olefinen mit Kohlenoxid und Wasser:

$$Co_2(CO)_8 + H_2O + CO \rightarrow 2\ HCo(CO)_4 + CO_2 \quad (15)$$

$$\underline{2\ HCo(CO)_4 \quad\quad\quad \rightarrow Co_2(CO)_8 + H_2} \quad (16)$$

$$CO + H_2O \quad\quad\quad \rightarrow CO_2 + H_2$$

Der obige Reaktionsverlauf erinnert an die analogen Verhältnisse beim Eisencarbonyl (vgl. Kapital 2, Gl. (6) und (7)), das diesbezüglich viel reaktionsfähiger als Kobaltcarbonyl ist (vgl. z. B. Versuch 12/3).

Für den Verlauf der durch Rhodium und Amin katalysierten Umsetzung eines Olefins mit Kohlenmonoxid und Wasser kann folgende Arbeitshypothese aufgestellt werden: Aus dem Rhodiumoxid wird zunächst Rhodiumcarbonyl $Rh_2(CO)_8$ gebildet, etwa nach folgender Gleichung [72, 73]:

$$Rh_2O_3 + 11\ CO \xrightarrow{Temp.} Rh_2(CO)_8 + 3\ CO_2 \quad (17)$$

Über die Existenz des dimeren Rhodiumcarbonyls besteht allerdings noch immer Zweifel [73]. Die Annahme eines dimeren Rhodiumcarbonyls geschieht hier auch nur der Einfachheit halber, da mit diesem Carbonyl eine weniger komplizierte Formulierung der nachfolgenden Schritte möglich ist.

Das Rhodiumcarbonyl müßte nun, analog Kobalt- und Eisencarbonylen, die Konvertierungsreaktion katalysieren. Der Reaktionsverlauf sähe dann folgendermaßen aus:

$$Rh_2(CO)_8 + H_2O + CO \longrightarrow 2\ HRh(CO)_4 + CO_2 \quad (18)$$

$$\underline{2\ HRh(CO)_4 \quad\quad\quad \longrightarrow Rh_2(CO)_8 + H_2} \quad (19)$$

$$CO + H_2 \quad\quad\quad \xrightarrow{Rh_2(CO)_8} CO_2 + H_2$$

Der Versuch 12/1 (S. 30) mit Aceton und Wasser zeigt allerdings, daß die Konvertierungsgeschwindigkeit unter den gegebenen Bedingungen (175°C, 200 at CO-Kaltdruck und Rhodiumoxid als Katalysator) vernachlässigbar klein ist. Rhodiumcarbonyl als solches kann wahrscheinlich nach Gl. (18) aus Wasser und Kohlenoxid den Carbonylwasserstoff nicht so leicht bilden und ist daher ein schlechter Konvertierungskatalysator. Ähnliche Ergebnisse erhielten auch IMYANITOV und Mitarbeiter [67] mit $Rh_6(CO)_{16}$ bei Temperaturen unter 210°C.

Ein Ersatz des Acetons im Versuch 12/1 (S. 30) durch N-Methylpyrrolidin ($pK_B = 3,8$) ruft eine sehr glatte Konvertierung bei Temperaturen weit unter 210°C hervor (vgl.

Versuch 12/2). Bei schwachen Basen, wie z. B. Pyridin, braucht man anscheinend drastischere Bedingungen für eine Katalyse der Konvertierungsreaktion [67].

Diese Beobachtungen führten zur Annahme, daß das nach Gl. (17) gebildete Rhodiumcarbonyl erst durch einen Ligandenaustausch mit dem Amin, etwa nach Gl. (20), in eine reaktive Form übergeführt wird:

$$Rh_2(CO)_8 + n\,R_3N \rightarrow Rh_2(CO)_{8-n}(R_3N)_n + n\,CO \qquad (20)$$

($n = 0, 2, 4, 6$ oder 8)

Der so gebildete Rhodiumcarbonyl–Amin-Komplex ist dann besser geeignet, aus einem *koordinativ gebundenen* Wassermolekül den Wasserstoff zu mobilisieren und in Gegenwart des überschüssigen Kohlenoxids nach folgender Gleichung einen Rhodiumcarbonyl–Wasserstoff-Komplex zu bilden:

$$Rh_2(CO)_{8-n}(R_3N)_n + H_2O + CO \rightarrow$$
(A)
$$2\,RhH(CO)_{\frac{8-n}{2}}(NR_3)_{\frac{n}{2}} + CO_2 \qquad (21)$$
(B)

Berichte über die erfolgreiche Isolierung von analogen Rhodium–Wasserstoff-Komplexen, z. B. von $HRh(PPh_3)_4$ durch Behandlung eines Rhodium–Phosphin-Komplexes mit Wasserstoff in Gegenwart von Triphenylphosphin (PPh_3) [74], oder von $HRh(CO)(PPh_3)_2$ durch Reduktion von $[RhCl(CO)(PPh_3)_2]$ mit Hydrazin, ebenfalls in Gegenwart von Triphenylphosphin [75] sind der Literatur zu entnehmen. Man hat ferner festgestellt, daß bei der Hydrierung von Olefinen in Gegenwart von $RhCl(PPh_3)_2L$-Katalysatortypen die Wasserstoffaktivierung, nämlich die intermediäre Bildung des entsprechenden Wasserstoffkomplexes, nur dann sehr leicht stattfindet, wenn L ein schlechter π-Akzeptor (z. B. Pyridin, Acetonitril usw.) ist [76].

Die Bildung des in Gl. (21) formulierten Rhodiumcarbonyl–Wasserstoff-Komplexes (B) ließe sich im vorliegenden Fall, in Analogie zum Vorschlag von WENDER und Mitarbeitern [10] über den Bildungsverlauf des Eisencarbonylwasserstoffs (vgl. S. 10), wie auf der nächsten Seite gezeigt, veranschaulichen*.

In Anwesenheit des überschüssigen Kohlenoxids entzieht eine Brückencarbonylgruppe des Komplexes (A) dem komplex gebundenen Wasser den Sauerstoff mit synchroner Bildung zweier Rh—H-Bindungen. Der entstandene Rhodium–Wasserstoff-Komplex (B) verliert in Abwesenheit eines Olefins Wasserstoff und geht in den Komplex (A) über, aus dem in Gegenwart des Amins mit frischem Kohlenoxid und Wasser der Wasserstoffkomplex (B) regeneriert werden kann. Somit schließt sich der »Konvertierungszyklus«, wobei das Rhodiumcarbonyl-Derivat (A) als Katalysator funktioniert. Es findet also letzten Endes eine »rhodiumkatalysierte« Konvertierung in Gegenwart des Amins statt, wie sie schon für das Eisenpentacarbonyl bekannt ist (vgl. Kapitel 2, S. 6ff.). Dabei muß allerdings berücksichtigt werden, daß nach einem vollständigen Verbrauch des Wassers via Konvertierung das Eisencarbonyl nicht mehr durch molekularen Wasserstoff in das aktive Carbonylwasserstoff-Derivat übergeführt werden kann. Das Rhodiumcarbonyl könnte dagegen mit dem gebildeten Wasserstoff und vorhandenem Kohlenoxid den entsprechenden Carbonylwasserstoff bilden, der bekanntlich ein ausgezeichneter Hydroformylierungskatalysator ist.

Auf Basis dieser Überlegungen lassen sich die Ergebnisse der Tab. 11 (S. 29) besser diskutieren. Bei Anwendung von neutralen organischen Lösungsmitteln kann sich

---

*) vgl. hierzu auch P. CHINI und S. MARTINENGO, Chem. Commun. **1969**, 1092.

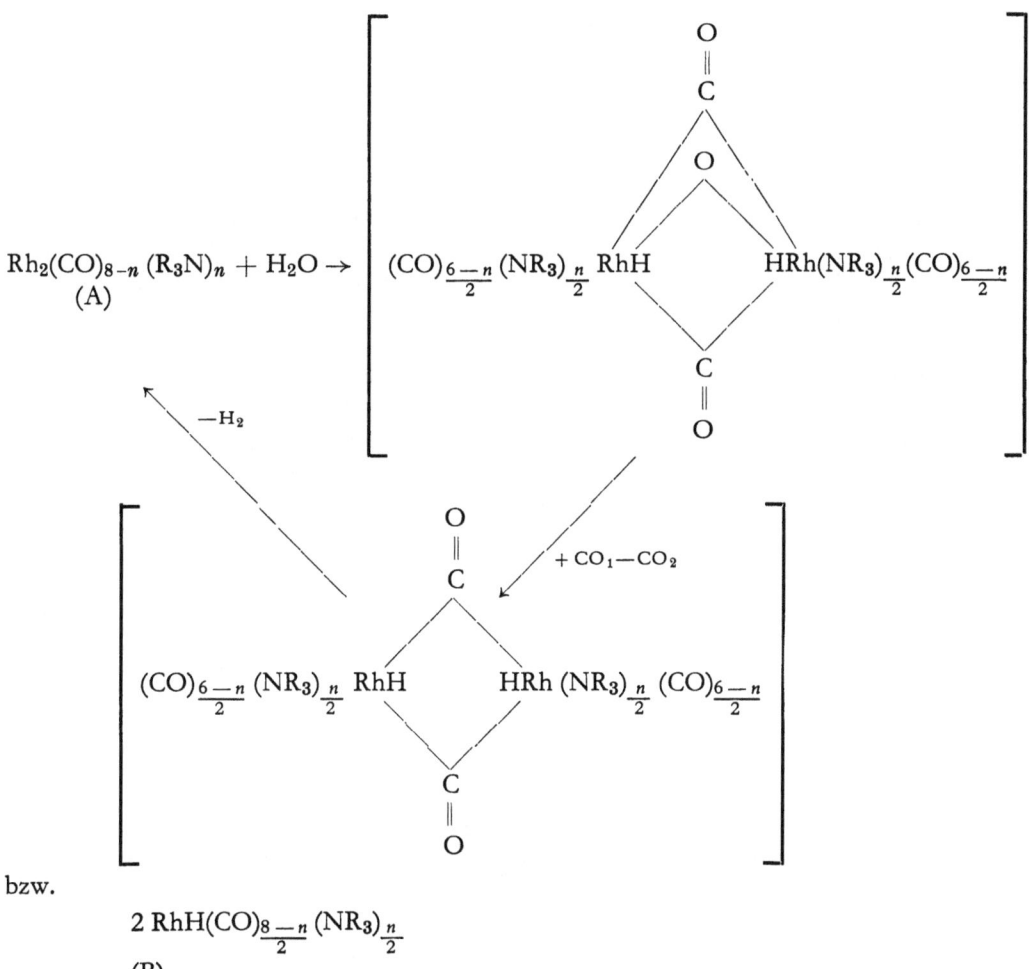

bzw.

$$2\,RhH(CO)_{\frac{8-n}{2}}(NR_3)_{\frac{n}{2}}$$
(B)

offensichtlich der oben vermutete »Rhodiumcarbonylwasserstoff–Amin-Komplex« (B) nicht bilden. Es findet daher keine Konvertierungsreaktion statt (vgl. Versuch 12/1, S. 30), so daß in solchen Fällen eine einfache Hydroformylierung des Octens ebenfalls ausbleiben würde. Man erhält im allgemeinen unter 10% Ausbeute. Verwendet man aber ziemlich basische Amine (pK$_B$-Wert 3–6), so ist anzunehmen, daß die oben geschilderte Bildung des katalytisch aktiven Rhodium-Komplexes viel eher gegeben ist, der mit dem Olefin zu den entsprechenden Produkten führt, oder aber in Abwesenheit des Olefins die Konvertierungsreaktion einleitet, wie dies bereits mit N-Methylpyrrolidin festgestellt wurde (vgl. Versuch 12/2, S. 30). Bei Verwendung von n-Octen-1 liegen die Ausbeuten an Nonanal–Nonanol-Gemischen mit solchen Aminen (Versuch 11/8–11/11, S. 29) wesentlich höher ($>50\%$, bezogen auf eingesetztes Olefin).

Für die Bildung der Reaktionsprodukte (Aldehyde und Alkohole) kann man nun die beiden folgenden Möglichkeiten in Betracht ziehen:

a) Aus dem Rhodiumoxid, Wasser und Amin entsteht zuerst bei erhöhtem Kohlenoxiddruck und erhöhter Temperatur die katalytisch aktive Spezies (A), die die »Konvertierungsreaktion« katalysiert (s. oben). Sobald sich dadurch die notwendige Wasserstoffmenge gebildet hat, erfolgt eine einfache rhodiumkatalysierte Hydroformylierung des Olefins mit anschließender teilweiser Hydrierung zum Alkohol.

b) Die zweite, wahrscheinlichere Möglichkeit setzt ebenfalls die Bildung eines Rhodiumcarbonylwasserstoff–Amin-Komplexes (B) aus Rh_2O_3, CO, H_2O und Amin voraus (vgl. Gl. (21), S. 32). Man könnte annehmen, daß sich dieser Komplex (B), der sehr aktiven Wasserstoff enthält, ohne zu zersetzen, sofort an die olefinische Doppelbindung anlagert. Der weitere Verlauf der Reaktion würde dann dem bekannten Hydroformylierungsmechanismus ähneln [4]. Der aktive Katalysator bildet sich aus dem verbrauchten Katalysatorrest, Wasser und Kohlenoxid in Gegenwart des Amins zurück. Ist kein reduzierbares Substrat im Reaktionsmilieu vorhanden, so spaltet der Komplex (B) Wasserstoff ab und leitet die Konvertierungsreaktion ein, die bis zum völligen Verbrauch des eingesetzten Wassers abläuft.

Innerhalb der Versuchsreihe zur Hydrohydroxymethylierung von n-Octen-1 mit Rh_2O_3 und verschiedenen Aminen (Versuch 11/7–11/11, S. 29) fällt die niedrige Ausbeute (9%) mit Pyridin auf (Versuch 11/7). Wie schon erwähnt, konnten IMYANITOV und Mitarbeiter [67] zeigen, daß die rhodiumkatalysierte Konvertierungsreaktion unter Verwendung von Pyridin bei 160°C kaum noch stattfindet, obwohl sie bei 210°C sehr glatt verläuft. Bei der von uns angewendeten Temperatur (175°C) dürfte sie ebenfalls nur in geringem Maße abgelaufen sein. Anscheinend spielt die Basizität des Amins eine sehr einflußreiche Rolle auf die Bildung des Rhodiumcarbonylwasserstoff–Amin-Komplexes (B) (vgl. S. 32), der sowohl für die Konvertierungs- als auch für die Hydrohydroxymethylierungsreaktion verantwortlich sein dürfte. Eine schwächere Base erfordert zur glatten Reaktion eine höhere Temperatur als eine stärkere Base. Man erhält fernerhin ein Gemisch, das überwiegend aus Aldehyden besteht. Daraus geht hervor, daß der Rhodiumkomplex mit stärkeren Basen eine bessere Hydrierung des Aldehyds zum Alkohol bewirken kann. Mit Pyridin (pK_B-Wert 9) erhält man ein Gemisch aus 97% Nonanalen und 3% Nonanolen (Versuch 11/7), mit Trimethylamin (pK_B-Wert 4) dagegen ein aus 66% Nonanalen und 34% Nonanolen bestehendes Produkt (11/10).

3.6.2 Rhodiumkatalysierte Umsetzung von n-Octen-1 mit Wasser und Kohlenoxid unter Verwendung von N-Methylpyrrolidin bei verschiedenen Temperaturen und Drücken

Die Feststellung, daß Rhodiumoxid ebenfalls die Umsetzung von n-Octen-1 mit Wasser und Kohlenoxid zu Nonanalen bzw. Nonanolen nur in Anwesenheit bestimmter Amine katalysiert (vgl. Tab. 11, S. 29), veranlaßte nun eine eingehendere Untersuchung der verschiedensten Parameter der Reaktion. Zunächst wurde die Temperaturabhängigkeit der Reaktion studiert. Als Amin wurde das N-Methylpyrrolidin eingesetzt.
Die Ergebnisse der Versuche sind in der Tab. 13 zusammengefaßt. Unter 150°C läuft die Reaktion kaum noch ab – die Bildung und Stabilität des katalytisch aktiven Rhodiumcarbonylwasserstoff–Amin-Komplexes (B) (siehe S. 32) dürften sehr stark temperaturabhängig sein. Man erhält bei 125°C in 3 Stunden nur 9% Ausbeute (Versuch 13/4) im Vergleich zu 73% bei 200°C (Versuch 13/1). Außerdem steigt der Alkoholgehalt des Reaktionsproduktes mit zunehmender Temperatur von 4% bei 125°C auf 57% bei 200°C.
Die Druckabhängigkeit der rhodiumkatalysierten Umsetzung mit n-Octen-1, Wasser und Kohlenoxid unter Verwendung von N-Methylpyrrolidin geht aus der Tab. 14 hervor. Die Gesamtausbeute sowie der Alkoholgehalt des entstandenen Nonanal-Nonanol-Gemisches verringern sich erwartungsgemäß mit abnehmendem Kohlenoxiddruck. Bei 175°C sinkt die Ausbeute z. B. von 67% bei 200 at (Versuch 14/1) auf 12% bei 100 at (14/4) und der entsprechende Alkoholgehalt von ca. 30 auf 10%. Ein ähnliches Verhalten des Rhodiums ist bei Hyrdoformylierungsreaktionen zu verzeichnen [71].

Tab. 13 *Einfluß der Temperatur auf die rhodiumkatalysierte Umsetzung von n-Octen-1 mit Wasser und Kohlenoxid unter Verwendung von N-Methylpyrrolidin**

Versuch Nr.	Temperatur [°C]	Ausbeute** (Nonanal–Nonanol-Gemisch) [%]	Rückstand [g]	Nonanale im Reaktionsprodukt [%]	Nonanole Reaktionsprodukt [%]	Isomerenverteilung*** in der Nonanalfraktion				Nonanolfraktion			
						1	2	3	4	1	2	3	4
13/1	200	73	4,8	43	37	33	34	17	16	37	38	14	11
13/2	175	67	1,6	71	29	29	38	18	15	39	40	11	10
13/3	150	30	0,8	83	17	33	41	14	12	49	36	8	7
13/4	125	9	0,6	96	4	31	43	14	12	37	39	13	11
13/5	100	1	1,8	nicht analysiert		–	–	–	–	–	–	–	–

* Konstante Reaktionsbedingungen: vgl. Legende zu Tab. 5.
** Vgl. Legende zu Tab. 5.
*** Vgl. Legende zu Tab. 5.

Tab. 14 *Ergebnisse der durch Rhodiumoxid und N-Methylpyrrolidin katalysierten Umsetzung von n-Octen-1 mit Wasser und Kohlenoxid bei verschiedenen Drücken**

Versuch Nr.	CO-Kaltdruck [at]	Ausbeute** (Nonanal–Nonanol-Gemisch) [%]	Rückstand [g]	Nonanale im Reaktionsprodukt [%]	Nonanole Reaktionsprodukt [%]	Isomerenverteilung*** [%] in der Nonanalfraktion				Nonanolfraktion			
						1	2	3	4	1	2	3	4
14/1	200	67	1,6	71	29	29	38	18	15	39	40	11	10
14/2	190	62	3,0	72	28	38	34	13	15	56	32	7	5
14/3	150	28	2,5	91	9	38	35	14	13	50	33	9	8
14/4	100	12	1,9	90	10								
14/5	50	4	0,3	89	11								

* Konstante Reaktionsbedingungen: 175°C; im übrigen vgl. Legende zu Tab. 5.
** Vgl. Legende zu Tab. 5.
*** Vgl. Legende zu Tab. 5.

3.6.3 Vergleich der Katalysatorsysteme Eisencarbonyl–Rhodium–Amin, Eisencarbonyl–Amin und Rhodium–Amin bei der Reaktion eines Olefins mit Kohlenoxid und Wasser

Das erarbeitete Versuchsmaterial läßt nun einen Vergleich der katalytischen Aktivität der drei verwendeten Katalysatorsysteme zu. Der Einfachheit halber sind die Ergebnisse verschiedener typischer Versuche bezüglich der Ausbeute und Zusammensetzung des entstehenden Nonanal–Nonanol-Gemisches nochmals in den Tab. 15 (verschiedene Temperaturen) und 16 (verschiedene Kohlenoxiddrücke) zusammengefaßt.
Wie aus der Tab. 15 bzw. 16 ersichtlich, ist von den drei verwendeten Katalysatorsystemen das Eisenpentacarbonyl–Rhodiumoxid–Amin-Gemisch ausbeutemäßig das wirksamste, während der einfache Eisencarbonyl–Amin-Katalysator die niedrigsten Ausbeuten liefert. Dazwischen liegen die Werte, die mit Rhodiumoxid erhalten wurden. Diese Tendenz gilt für den gesamten, im Rahmen der vorliegenden Arbeit untersuchten Temperatur- bzw. Druckbereich. Daraus wird klar, wie es ebenfalls die Ähnlichkeit der Isomerenverteilung der entsprechenden Produkte mit Rhodiumoxid–Amin (Tab. 13 und 14) bzw. Rhodiumoxid–Eisencarbonyl–Amin (Tab. 5 und 6) andeutet, daß bei der durch Eisencarbonyl–Rhodiumoxid–Amin katalysierten Reaktion das Rhodium die »führende« Rolle spielt, und zwar als CO-Überträger bei der Bildung des Aldehyds aus dem Olefin.

Es war nun interessant zu prüfen, ob sich die bei der Hydrohydroxymethylierung von n-Octen-1 mit einem Eisencarbonyl–Rhodiumoxid–Amin-Katalysator zu erhaltenden Ausbeuten rein additiv aus den entsprechenden Werten der katalytischen Umsetzung mit Eisenpentacarbonyl–Amin und Rhodiumoxid–Amin allein errechnen lassen.

Zur Vereinfachung wurden in den Tab. 15 und 16 neben den mit dem Eisen–Rhodium–Amin-Gemisch erhaltenen Ausbeuten (gef.) die arithmetische Summe (ber.) der einzelnen, jeweils mit Eisenpentacarbonyl–Amin und Rhodiumoxid–Amin erhaltenen Ausbeuten aufgeführt. Wie daraus ersichtlich, stimmen die erhaltenen Werte mit den berechneten nicht überein. Die erhaltenen Ausbeuten liegen stets höher, und zwar durchschnittlich um über 15%. Arbeitet man bei einem konstanten CO-Kaltdruck von 200 at (Tab. 15), so ist in dem untersuchten Temperaturbereich bei 125°C die größte Abweichung (24%) zu finden. Bei einer Variation des Kohlenoxiddruckes bei 175°C (Tab. 16) stellt man bei 100 at eine Abweichung von 29% fest. Bei 150 at differiert die gefundene Ausbeute (77%) von der errechneten (38%) sogar um 39%.

Der angeführte Vergleich deutet auf eine synergistische Wirkung zwischen Eisenpentacarbonyl und Rhodium bei der Hydrohydroxymethylierung von Olefinen mit Wasser und Kohlenoxid in Gegenwart von einem Gemisch der genannten Verbindungen als Katalysator hin.

Zur Erklärung kann man folgende Überlegungen anstellen:

a) Es wurde bisher festgestellt, daß bei der Hydrohydroxymethylierung von n-Octen-1 mit Wasser und Kohlenoxid eine hohe Raum-Zeit-Ausbeute ausschließlich der Anwesenheit von Rhodium zu verdanken ist. Als Grund dafür wurde angenommen, daß das Rhodium unter den Reaktionsbedingungen zur Bildung eines Carbonylwasserstoff-Komplexes befähigt ist (vgl. S. 32). Beim Arbeiten mit Eisenpentacarbonyl und Rhodium(III)-oxid wäre es nun möglich, daß das Eisencarbonyl bzw. der Eisencarbonylwasserstoff unter den Reaktionsbedingungen die Bildung des Rhodiumcarbonyl-Komplexes aus dem Oxid fördert und sich damit auf die Gesamtreaktionsgeschwindigkeit günstig auswirkt. Carbonylierende Eigenschaften des Eisenpentacarbonyls sind z. B. aus der Literatur bekannt [77, 78].

b) Wie aus der Tab. 12 (S. 30) hervorgeht, katalysiert Eisenpentacarbonyl die Konvertierung von CO und Wasser in Gegenwart von N-Methylpyrrolidin stärker als

Tab. 15 Vergleich der verschiedenen Katalysatorsysteme bei der Umsetzung von n-Octen-1 mit Wasser und Kohlenoxid bei verschiedenen Temperaturen*

Temperatur [°C]	Ausbeute [%] an Nonanal-Nonanol-Gemisch bei der Reaktion von n-Octen-1 mit H₂O und CO in Anwesenheit von N-Methylpyrrolidin und				Nonanol-Gehalt [%] des erhaltenen Nonanal-Nonanol-Gemisches bei Verwendung von		
	10 Mol-% $Fe(CO)_5$**	0,05 Mol-% Rh_2O_3**	10 Mol-% $Fe(CO)_5$ und 0,05 Mol-% Rh_2O_3 ber.	10 Mol-% $Fe(CO)_5$ und 0,05 Mol-% Rh_2O_3 gef.	$Fe(CO)_5$	Rh_2O_3	$Fe(CO)_5$ und Rh_2O_3
200	6	73	79	97	100	57	100
175	12	67	79	94	100	29	100
150	16	30	46	65	100	17	60
125	3	9	12	36	100	4	42
100	2	1	3	15	100	n.b.	9

* Konstante Reaktionsbedingungen: 0,6 Mol (67 g) n-Octen-1; 1,5 Mol (27 g) Wasser; 0,9 Mol (76,5 g) N-Methylpyrrolidin; 200 at (CO-Kaltdruck); 3 Std. Reaktionszeit (2 Std. Aufheizzeit); 0,5-l-Schüttelautoklav.
** Die angegebenen Katalysatorkonzentrationen beziehen sich auf das eingesetzte n-Octen-1.

Tab. 16 Vergleich der verschiedenen Katalysatorsysteme bei der Umsetzung von n-Octen-1 mit Wasser und Kohlenoxid unter Verwendung von N-Methylpyrrolidin bei verschiedenen CO-Drücken*

CO-Kaltdruck [at]	Ausbeute [%] an Nonanal-Nonanol-Gemisch bei der Reaktion von n-Octen-1 mit H₂O und CO in Anwesenheit von N-Methylpyrrolidin und				Nonanol-Gehalt [%] des erhaltenen Nonanal-Nonanol-Gemisches bei Verwendung von		
	10 Mol-% $Fe(CO)_5$**	0,05 Mol-% Rh_2O_3**	10 Mol-% $Fe(CO)_5$ und 0,05 Mol-% Rh_2O_3** ber.	10 Mol-% $Fe(CO)_5$ und 0,05 Mol-% Rh_2O_3** gef.	$Fe(CO)_5$	Rh_2O_3	$Fe(CO)_5$ und Rh_2O_3
200	12	67	79	94	100	29	100
150	10	28	38	77	100	9	100
100	9	12	21	50	100	10	100
50	3	4	7	21	100	11	100

* Konstante Reaktionsbedingungen: 175°C; im übrigen vgl. Legende zu Tab. 15.
** Vgl. Legende zu Tab. 15.

das Rhodiumoxid unter sonst gleichen Bedingungen. Unter den Bedingungen der Alkoholsynthese nach REPPE mit dem rhodiummodifizierten Katalysatorsystem würde daher ein höherer Wasserstoffpartialdruck vorliegen, als wenn man nur mit Rhodiumoxid arbeitet. Der höhere Wasserstoffpartialdruck verursacht dann auch eine schnellere Hyrdoformylierung des Olefins mit dem überschüssigen Kohlenoxid. Die Raum–Zeit-Ausbeute wird dadurch gesteigert.

c) Schließlich muß noch diskutiert werden, ob der beobachtete »Synergismus« zwischen Eisen und Rhodium nicht auf die eventuelle Bildung eines Eisen–Rhodium-Mischcarbonyls zurückzuführen wäre. Die Darstellung von einer Reihe eisenhaltiger, gemischter Carbonylkomplexe ist in der Literatur beschrieben [79–83].

Der Einfluß des Katalysatorsystems auf den Alkoholgehalt des erhaltenen Nonanal-Nonanol-Gemisches bei verschiedenen Temperaturen und Drücken geht ebenfalls aus den zusammenfassenden Tab. 15 und 16 (S. 37) hervor. Sie ermöglichen einen anschaulichen Vergleich der unterschiedlichen Hydrierfähigkeit der verwendeten Katalysatoren und zeigen den Vorteil des Eisencarbonyl–Rhodiumoxid-Mischkatalysators. Bei Verwendung dieses Katalysators ist es möglich, unter sehr einfachen Bedingungen aus einem Olefin, Wasser und Kohlenoxid mit ausgezeichneten Raum–Zeit-Ausbeuten zu reinen Alkoholen zu gelangen.

3.7 Zeitlicher Verlauf der Hydrohydroxymethylierung von n-Octen-1 mit Kohlenoxid und Wasser in Gegenwart der verschiedenen Katalysatorsysteme

Bei den bisher beschriebenen Hydrohydroxymethylierungsversuchen wurde nach dem »Eintopfverfahren« gearbeitet, wobei stets 3 Stunden als Reaktionsdauer galten. Mit dem Eisenpentacarbonyl-Amin-Katalysatorsystem wurde trotz Temperatur- und Druckvariation ein reines Alkoholgemisch erhalten (vgl. Tab. 2, S. 17, Tab. 3, S. 19 und Tab. 4, S. 19), mit dem Rhodium–Amin-Komplexkatalysator ein Aldehyd–Alkohol-Gemisch (vgl. z. B. Tab. 13, und Tab. 14, S. 35).
Bei Verwendung des Eisencarbonyl–Rhodium–Amin-Systems entstand bei Temperaturen unter 175°C ebenfalls ein Aldehyd–Alkohol-Gemisch (vgl. Tab. 5, S. 22); bei 175°C und darüber hinaus wurden allerdings wieder ausschließlich Alkohole erhalten. Es wurde daher angenommen, daß sich bei diesen Reaktionen als Zwischenstufe ein Aldehyd bildet, der dann zum Alkohol hydriert wird. Die besten Raum–Zeit-Ausbeuten an Alkoholen erhielt man bei 175°C (oder höher) und 200 at CO-Kaltdruck. Da aber bei dieser Temperatur sowohl der Eisencarbonyl–Amin- als auch der Eisencarbonyl–Rhodium–Amin-Katalysator nach dreistündiger Reaktionszeit nur Alkohole ergeben, wurde nun der zeitliche Verlauf der Reaktion bei 175°C und verschiedenen CO-Drücken verfolgt, um festzustellen, ob auch unter diesen Bedingungen Aldehyde als Zwischenstufe entstehen. Diese Versuche sollten nähere Erkenntnisse über die Wirkungsweise der verschiedenen Katalysatoren bringen.
Zur Durchführung der Versuche wurden die Reaktanten in den Autoklaven gegeben und das Kohlenoxid aufgepreßt und unter Druck auf die Reaktionstemperatur (175°C) aufgeheizt. Nach Erreichen der Temperatur wurde der gewünschte Heißdruck, gegebenenfalls durch weiteres Aufpressen von Kohlenoxid, eingestellt. Von diesem Zeitpunkt an wurden in bestimmten Abständen Proben entnommen. Während des Versuches wurde der CO-Heißdruck durch Nachpressen konstant gehalten. Die Aufheizperiode (45 min) sowie die jeweilige Probenmenge wurden der Reproduzierbarkeit halber bei den sämtlichen Versuchen konstant gehalten. Die Proben wurden von Amin und Wasser befreit und das so entstandene Reaktionsgemisch fraktioniert destilliert (vgl. Kapitel 4, S. 51 f). Die erhaltenen Fraktionen wurden als Gew.-% des Reaktions-

gemisches angegeben. Die Analyse der Reaktionsprodukte erfolgte auf gaschromatographischem Wege.

Die Ergebnisse der Versuche sind tabellarisch zusammengefaßt worden (vgl. Tab. 17 bis 20) und lassen sich am besten graphisch veranschaulichen (vgl. Abb. 1–4).

Aus Tab. 17 (S. 40) bzw. Abb. 1 (S. 42) geht die sehr langsame Geschwindigkeit der Reaktion mit dem Eisenpentacarbonyl–Amin-Katalysator eindeutig hervor. Interessant ist die Tatsache, daß auch nach kurzer Reaktionsdauer keine Aldehyde im Reaktionsgemisch festgestellt werden können. Die Hydrierung der Aldehyde durch dieses Katalysatorsystem läuft offensichtlich wesentlich schneller als deren Nachbildung ab. Die Isomerenverteilung der Produkte ist von der Reaktionszeit weitgehend unabhängig.

Tab. 18 (S. 40) bzw. Abb. 2 (S. 42) gibt die analogen Ergebnisse wieder, die mit dem Rhodium–Amin-Katalysator unter sonst gleichen Bedingungen erhalten wurden.

Tab. 19 (S. 41) bzw. Abb. 3 (S. 42) zeigt den Verlauf der Hydrohydroxymethylierung von n-Octen-1 mit dem Eisen–Rhodium–Amin-Mischkatalysator. Danach handelt es sich hier um eine Konsekutivreaktion. Der erste Reaktionsschritt, nämlich die Bildung von Nonanalen, wird zweifellos durch den Rhodium-Zusatz eingeleitet, wie es auch ein Vergleich dieser Ergebnisse mit denen der Tab. 18 bzw. 17 verdeutlicht.

Bei 175°C und 300 at CO-Heißdruck erreicht man mit dem Mischkatalysator schon nach einstündiger Reaktionszeit einen ca. 95prozentigen Umsatz des Octens (vgl. Abb. 3, S. 42) im Gegensatz zu ca. 60% mit dem Rhodium–Amin-Katalysator (Abb. 2, S. 42) und etwa 11% mit dem Eisenpentacarbonyl–Amin-Katalysator (Abb. 1, S. 42). Der Alkoholgehalt der Reaktionsprodukte nach dieser Zeit (100% im Falle des Eisenpentacarbonyls, 62% mit einem Eisencarbonyl–Rhodiumoxid-Gemisch und nur 7% bei Verwendung von Rhodium allein) spricht wiederum für die aktive Rolle des Eisenpentacarbonyls bei dem zweiten Schritt der Reaktion, der Hydrierung des Aldehyds zum Alkohol.

Wie man z. B. aus der Tab. 19 (S. 41) ferner ersehen kann, ist die Isomerenverteilung im Reaktionsprodukt der durch den Mischkatalysator bewirkten Hydrohydroxymethylierung von n-Octen-1 von der Reaktionszeit abhängig. Erwartungsgemäß erhält man bei kürzeren Reaktionszeiten mehr endständige Produkte, da die Konzentration des 1-Olefins zu Beginn der Reaktion am größten ist. Mit der Zeit kann ein Teil davon zu Olefinen mit innenstehender Doppelbindung isomerisiert werden, die dann durch die rhodiumkatalysierte Reaktion ganz glatt zu den verzweigten C_9-Reaktionsprodukten umgesetzt werden. Die weniger verzweigten Aldehyde werden bevorzugt zu den entsprechenden Alkoholen hydriert, so daß mit fortschreitender Reaktionsdauer der prozentuale Anteil an 2-Äthylheptanal-1 und 2-Propylhexanal-1 im Nonanal-Gemisch stark zunimmt.

Die Abb. 4 und 5 (S. 42 u. 43) schließlich geben den Einfluß der Art des Katalysators auf die Umsetzungsgeschwindigkeit des Octens sowie die Bildungsgeschwindigkeit der Nonanole bei der Hydrohydroxymethylierung von n-Octen-1 bei 175°C und 300 at CO-Heißdruck zusammenfassend wieder.

Der zeitliche Verlauf der Reaktion von n-Octen-1 mit Kohlenoxid und Wasser, katalysiert durch das Eisencarbonyl–Rhodiumoxid–N-Methylpyrrolidin-Gemisch, wurde auch bei verschiedenen anderen CO-Drücken untersucht. Diese Ergebnisse sind in den Tab. 20–22 enthalten und in den Abb. 6 und 7 (S. 43) graphisch zusammengefaßt. Wie daraus ersichtlich, sinkt die Umsetzungsgeschwindigkeit des Octens in Gegenwart des Eisen–Rhodium-Mischkatalysators mit abnehmendem CO-Druck ab.

Untersucht man die Zusammensetzung des Reaktionsproduktes nach kurzen Reaktionszeiten, so findet man, daß der Alkoholgehalt (für die gleiche Reaktionszeit) mit fallendem Druck zunimmt (vgl. Abb. 7, S. 43). Bei 175°C und einem CO-Heißdruck von

Tab. 17 Zeitlicher Verlauf der durch Fe(CO)₅-N-Methylpyrrolidin katalysierten Reaktion von n-Octen-1 mit Wasser und Kohlenoxid*

Reaktions-zeit [min]	Zusammensetzung des Reaktionsgemisches			Zusammensetzung des Nonanal-Nonanol-Gemisches		Isomerenverteilung** [%] in der Nonanalfraktion				Nonanolfraktion			
	Octenisomerengemisch [Gew.-%]	Nonanal-Nonanol-Gemisch [Gew.-%]	Rückstand [Gew.-%]	Nonanale [%]	Nonanole [%]	1	2	3	4	1	2	3	4
30	95	4	1	–	100	37	36	15	12	74	23	2	1
60	89	10	1	–	100	40	34	13	13	73	25	1	1
90	88	11	1	–	100	35	36	15	14	72	26	1	1

* Konstante Reaktionsbedingungen: 175 °C; 300 at (CO-Heißdruck).
Ansatz: n-Octen-1 = 180 g (1,6 Mol); H_2O = 72 g (4,0 Mol); N-MP = 204 g (2,4 Mol); Fe(CO)₅ = 32 g (0,16 Mol). 1-l-Hubrührautoklav.
** Vgl. Legende zu Tab. 5.

Tab. 18 Zeitlicher Verlauf der durch Rh₂O₃-N-Methylpyrrolidin katalysierten Reaktion von n-Octen-1 mit Wasser und Kohlenoxid*

Reaktions-zeit [min]	Zusammensetzung des Reaktionsgemisches			Zusammensetzung des Nonanal-Nonanol-Gemisches		Isomerenverteilung** [%] in der Nonanalfraktion				Nonanolfraktion			
	Octenisomerengemisch [Gew.-%]	Nonanal-Nonanol-Gemisch [Gew.-%]	Rückstand [Gew.-%]	Nonanale [%]	Nonanole [%]	1	2	3	4	1	2	3	4
30	62	35	3	97	3	34	36	15	12	39	41	11	9
60	34	63	3	93	7	40	34	13	13	42	37	11	10
90	16	81	3	88	12	35	36	15	14	45	38	9	8
120	5	90	5	70	30	34	35	17	14	45	37	10	8
150	2	93	5	53	47	32	35	19	14	42	38	10	10
180	1	95	5	28	72	31	36	18	15	43	38	10	9

* Konstante Reaktionsbedingungen: 175 °C; 300 at (CO-Heißdruck).
Ansatz: n-Octen-1 = 180 g (1,6 Mol); H_2O = 72 g (4,0 Mol); Rh_2O_3 = 0,202 g (0,0008 Mol); N-Methylpyrrolidin = 204 g (2,4 Mol). 1-l-Hubrührautoklav.
** Vgl. Legende zu Tab. 5.

Tab. 19 Zeitlicher Verlauf der durch Fe(CO)₅-Rh₂O₃-N-Methylpyrrolidin katalysierten Reaktion von n-Octen-1 mit Wasser und Kohlenoxid*

Reaktionszeit [min]	Zusammensetzung des Reaktionsgemisches				Zusammensetzung des Nonanal-Nonanol-Gemisches		Isomerenverteilung** [%] in der Nonanalfraktion				Nonanolfraktion			
	Octenisomerengemisch [Gew.-%]	Nonanal-Nonanol-Gemisch [Gew.-%]	Rückstand [Gew.-%]		Nonanale [%]	Nonanole [%]	1	2	3	4	1	2	3	4
30	12	84	4		67	33	34	35	17	14	55	33	7	5
60	5	89	6		37	63	26	32	22	20	48	36	9	7
90	2	93	5		14	86	12	30	30	28	44	36	11	9
120	1	88	12		2	98	3	11	43	43	39	36	13	12
150	0	96	4		1	99	4	8	44	44	39	36	14	11

* Konstante Reaktionsbedingungen: 175°C, 300 at (CO-Heißdruck).
Ansatz: n-Octen-1 = 180 g (1,6 Mol); H₂O = 72 g (4,0 Mol); Fe(CO)₅ = 31,5 g (0,16 Mol); Rh₂O₃ = 0,202 g (0,0008 Mol); N-Methylpyrrolidin = 204 g (2,4 Mol). 1-l-Hubrührautoklav.
** Vgl. Legende zu Tab. 5.

Tab. 20 Zeitlicher Verlauf der durch Fe(CO)₅-Rh₂O₃-N-Methylpyrrolidin katalysierten Reaktion von n-Octen-1 mit Wasser und Kohlenoxid bei 175°C und 200 at CO-Heißdruck*

Reaktionszeit [min]	Zusammensetzung des Reaktionsgemisches				Zusammensetzung des Nonanal-Nonanol-Gemisches		Isomerenverteilung** [%] in der Nonanalfraktion				Nonanolfraktion			
	Octenisomerengemisch [Gew.-%]	Nonanal-Nonanol-Gemisch [Gew.-%]	Rückstand [Gew.-%]		Nonanale [%]	Nonanole [%]	1	2	3	4	1	2	3	4
30	36	63	1		45	55	28	35	20	17	51	34	8	7
60	14	79	7		19	81	15	32	28	25	45	35	11	9
90	7	88	5		11	89	16	27	30	27	44	34	12	10
150	1	94	6		2	98	7	15	40	38	42	35	12	11
180	–	95	5		1	99	8	14	37	41	42	34	12	12

* Konstante Reaktionsbedingungen: 175°C; 200 at (CO-Heißdruck).
Ansatz: n-Octen-1 = 180 g (1,6 Mol); H₂O = 72 g (4,0 Mol); Fe(CO)₅ = 31,5 g (0,16 Mol); Rh₂O₃ = 0,202 g (0,0008 Mol); N-Methylpyrrolidin = 204 g (2,4 Mol). 1-l-Hubrührautoklav.
** Vgl. Legende zu Tab. 5.

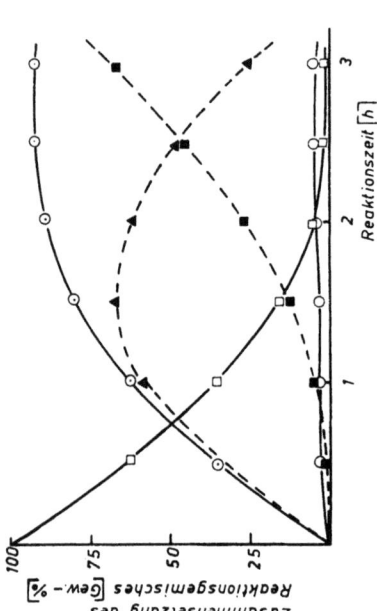

Abb. 1 Zeitlicher Verlauf der durch Fe(CO)₅-N-Methylpyrrolidin bewirkten Hydrohydroxymethylierung von n-Octen-1 bei 175°C und 300 at CO-Heißdruck (Daten aus Tab. 17)

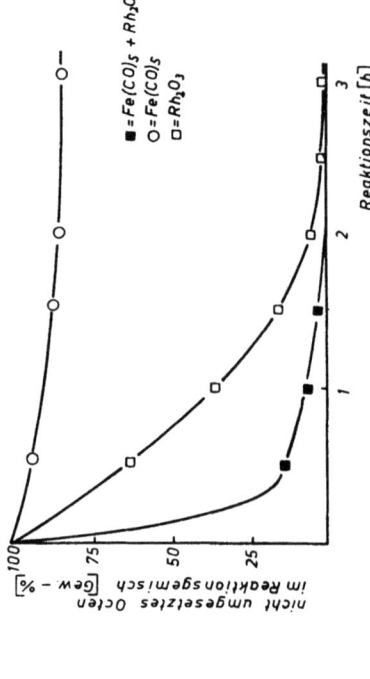

Abb. 2 Zeitlicher Verlauf der durch Rh₂O₃-N-Methylpyrrolidin katalysierten Hydrohydroxymethylierung von n-Octen-1 bei 175°C und 300 at CO-Heißdruck (Daten aus Tab. 18)

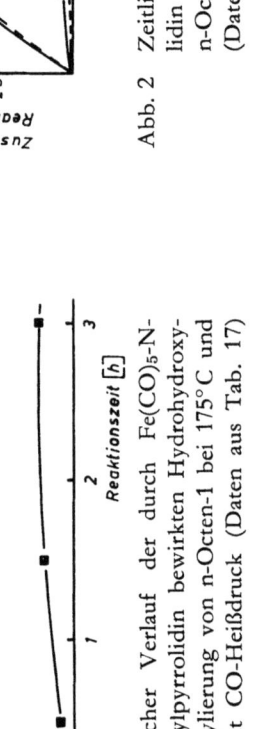

Abb. 3 Zeitlicher Verlauf der durch Fe(CO)₅-Rh₂O₃-N-Methylpyrrolidin katalysierten Hydrohydroxymethylierung von n-Octen-1 bei 175°C und 300 at CO-Heißdruck (Daten aus Tab. 19)

Abb. 4 Einfluß der Art des Katalysators auf die Reaktionsgeschwindigkeit des Olefins bei der Hydrohydroxymethylierung von n-Octen-1 (Daten aus den Tab. 17–19)

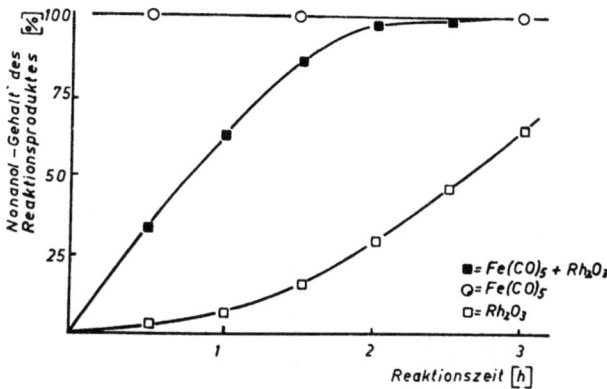

Abb. 5 Einfluß der Art des Katalysators auf die Bildungsgeschwindigkeit von Nonanolen bei der Hydrohydroxymethylierung von n-Octen-1 (Daten aus den Tab. 17–19)

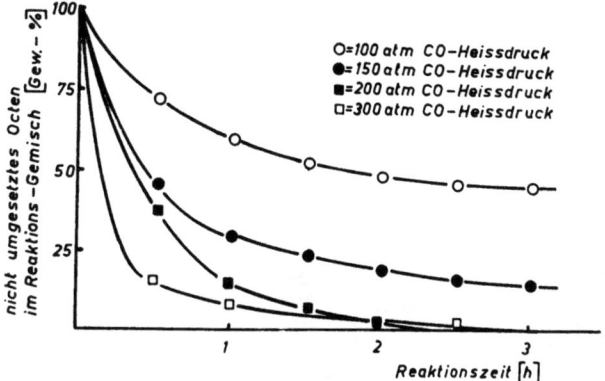

Abb. 6 Einfluß des CO-Druckes auf die Umsetzungsgeschwindigkeit bei der Hydrohydroxymethylierung von n-Octen-1 mit dem Fe(CO)$_5$-Rh$_2$O$_3$-Mischkatalysator (Daten aus den Tab. 19–22)

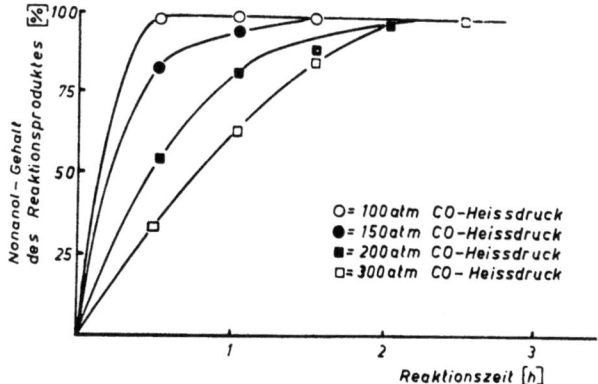

Abb. 7 Einfluß des CO-Druckes auf die Bildungsgeschwindigkeit von Nonanolen bei der Hydrohydroxymethylierung von n-Octen-1 mit dem Fe(CO)$_5$-Rh$_2$O$_3$-Mischkatalysator (Daten aus den Tab. 19–22)

Tab. 21 Zeitlicher Verlauf der durch Fe(CO)$_5$-Rh$_2$O$_3$-N-Methylpyrrolidin katalysierten Reaktion von n-Octen-1 mit Wasser und Kohlenoxid bei 175°C und 150 at CO-Heißdruck*

Reaktions-zeit [min]	Zusammensetzung des Reaktionsgemisches			Zusammensetzung des Nonanal-Nonanol-Gemisches		Isomerenverteilung** [%] in der							
	Octenisomeren-gemisch	Nonanal-Nonanol-Gemisch	Rückstand	Nonanale	Nonanole	Nonanalfraktion				Nonanolfraktion			
	[Gew.-%]	[Gew.-%]	[Gew.-%]	[%]	[%]	1	2	3	4	1	2	3	4
30	43	53	4	17	83	23	30	26	21	50	34	9	7
60	29	66	5	5	95	20	27	27	26	47	33	11	9
90	23	73	4	1	99	16	27	29	28	43	33	13	11
120	20	77	3	1	99	20	20	30	30	43	34	12	11
150	18	79	3	0	100					44	33	13	10
180	14	80	6	0	100					46	33	12	9

* Konstante Reaktionsbedingungen: 175°C, 150 at (CO-Heißdruck).
Ansatz: n-Octen-1 = 180 g (1,6 Mol); H$_2$O = 72 g (4,0 Mol); Fe(CO)$_5$ = 31,5 g (0,16 Mol); Rh$_2$O$_3$ = 0,202 g (0,0008 Mol); N-Methylpyrrolidin = 204 g (2,4 Mol). 1-l-Hubrührautoklav.
** Vgl. Legende zu Tab. 5.

Tab. 22 *Zeitlicher Verlauf der durch* $Fe(CO)_5$-Rh_2O_3-*N-Methylpyrrolidin katalysierten Reaktion von n-Octen-1 mit Wasser und Kohlenoxid bei* 175°C *und* 100 at *CO-Heißdruck**

Reaktionszeit [min]	Zusammensetzung des Reaktionsgemisches			Zusammensetzung des Nonanal–Nonanol-Gemisches		Isomerenverteilung** [%] in der							
	Octenisomerengemisch [Gew.-%]	Nonanal–Nonanol-Gemisch [Gew.-%]	Rückstand [Gew.-%]	Nonanale [%]	Nonanole [%]	Nonanalfraktion				Nonanolfraktion			
						1	2	3	4	1	2	3	4
30	70	27	3	2	98	45	26	16	13	51	33	9	8
60	60	38	2	1	99					50	31	10	9
90	50	46	4	0	100					53	30	9	8
120	48	49	3	0	100					50	32	10	8
150	46	50	4	0	100					51	31	10	8
180	46	50	4	0	100					50	31	10	9

* Konstante Reaktionsbedingungen: 175°C; 100 at (CO-Heißdruck).
Ansatz: n-Octen-1 = 180 g (1,6 Mol); H_2O = 72 g (4,0 Mol); $Fe(CO)_5$ = 31,5 g (0,16 Mol); Rh_2O_3 = 0,202 g (0,0008 Mol); N-Methylpyrrolidin = 204 g (2,4 Mol). 1-l-Hubrührautoklav.
** Vgl. Legende zu Tab. 5.

Tab. 23   Zeitlicher Verlauf der durch Rh₂O₃-N-Methylpyrrolidin katalysierten Reaktion von n-Octen-1 mit Wasser und Kohlenoxid bei 175°C und 100 at CO-Heißdruck*

Reaktions-zeit [min]	Zusammensetzung des Reaktionsgemisches			Zusammensetzung des Nonanal–Nonanol-Gemisches		Isomerenverteilung** [%] in der								
	Octenisomeren-gemisch	Nonanal–Nonanol-Gemisch	Rückstand	Nonanale	Nonanole	Nonanalfraktion				Nonanolfraktion			
	[Gew.-%]	[Gew.-%]	[Gew.-%]	[%]	[%]	1	2	3	4	1	2	3	4
60	97	2	1	95	5	21	43	19	17	31	44	15	10
180	90	9	1	89	11	31	38	16	15	26	43	16	15
300	83	16	1	87	13	33	35	16	15	24	46	15	15
420	81	18	1	85	15	32	37	17	14	21	47	16	15
600	69	30	1	71	29	38	34	14	15	14	15	44	28

* Konstante Bedingungen: 175°C; 100 at (CO-Heißdruck).
  Ansatz: n-Octen-1 = 180 g (1,6 Mol); H₂O = 72 g (4,0 Mol); Rh₂O₃ = 0,202 g (0,0008 Mol); N-Methylpyrrolidin = 204 g (2,4 Mol). 1-l-Hubrührautoklav.
** Vgl. Legende zu Tab. 5.

Tab. 24 Zeitlicher Verlauf der durch Fe(CO)₅-Rh₂O₃-N-Methylpyrrolidin katalysierten Reaktion von n-Octen-1 mit Wasser und Kohlenoxid bei 200°C und 300 at CO-Heißdruck*

Reaktionszeit [min]	Zusammensetzung des Reaktionsgemisches			Zusammensetzung des Nonanal-Nonanol-Gemisches		Isomerenverteilung** [%] in der							
	Octenisomerengemisch [Gew.-%]	Nonanal-Nonanol-Gemisch [Gew.-%]	Rückstand [Gew.-%]	Nonanale [%]	Nonanole [%]	Nonanalfraktion				Nonanolfraktion			
						1	2	3	4	1	2	3	4
30	8	91	1	21	79	21	32	25	22	40	38	12	10
60	4	95	1	9	91	19	28	28	25	41	36	12	11
90	0	96	4	0	100					38	35	14	13
120	0	97	3	0	100					40	34	14	12

* Konstante Reaktionsbedingungen: 200°C, 300 at (CO-Heißdruck).
Ansatz: n-Octen-1 = 180 g (1,6 Mol); H₂O = 72 g (4,0 Mol); Fe(CO)₅ = 31,5 g (0,16 Mol); Rh₂O₃ = 0,202 g (0,0008 Mol); N-Methylpyrrolidin = 204 g (2,4 Mol). 1-l-Hubrührautoklav.
** Vgl. Legende zu Tab. 5.

Tab. 25 Zeitlicher Verlauf der durch $Fe(CO)_5$-Rh_2O_3-N-Methylpyrrolidin katalysierten Reaktion von n-Octen-1 mit Wasser und Kohlenoxid bei 125°C und 300 at CO-Heißdruck*

Reaktionszeit [min]	Zusammensetzung des Reaktionsgemisches Octenisomerengemisch [Gew.-%]	Nonanal–Nonanol-Gemisch [Gew.-%]	Rückstand [Gew.-%]	Zusammensetzung des Nonanal–Nonanol-Gemisches Nonanale [%]	Nonanole [%]	Isomerenverteilung** [%] in der Nonanalfraktion 1	2	3	4	Nonanolfraktion 1	2	3	4
60	66	31	3	72	28	58	30	8	4	65	30	2	3
120	43	53	4	56	44	42	37	12	9	62	29	6	3
180	26	67	7	45	55	38	39	13	10	60	31	6	3
240	14	77	9	26	74	32	40	17	11	55	34	6	5
300	6	84	10	13	87	49	32	11	8	48	35	9	8
360	2	89	9	1	99	3	6	57	34	46	34	10	10

* Konstante Reaktionsbedingungen: 125°C, 300 at (CO-Heißdruck).
Ansatz: n-Octen-1 = 180 g (1,6 Mol); H_2O = 72 g (4,0 Mol); $Fe(CO)_5$ = 31,5 g (0,16 Mol); Rh_2O_3 = 0,202 g (0,0008 Mol); N-Methylpyrrolidin = 204 g (2,4 Mol). 1-l-Hubrührautoklav.
** Vgl. Legende zu Tab. 5.

100 at erhält man z. B. schon nach einer 30minütigen Reaktionszeit stets ein reines, aldehydfreies Nonanolgemisch. Das entsprechende Produkt aus dem Versuch bei 300 at enthält dagegen nur 33% Nonanole.

Diesen experimentellen Befunden kann man also entnehmen, daß von den zwei Schritten der durch den Mischkatalysator bewirkten Hydrohydroxymethylierungsreaktion die Aldehydbildung bei tiefen CO-Drücken, relativ zu der Hydrierung des Aldehyds zum Alkohol, langsamer abläuft. Eine kinetische Untersuchung der Reaktion bei 175°C und 100 at CO-Heißdruck mit Rhodiumoxid–N-Methylpyrrolidin allein bestätigt die langsame Bildungsgeschwindigkeit der Nonanale bei tiefen CO-Drücken (vgl. Tab. 23, S. 46).

Die Ergebnisse weiterer Versuche zum zeitlichen Verlauf der durch ein Gemisch von Eisenpentacarbonyl, Rhodiumoxid und N-Methylpyrrolidin katalysierten Hydrohydroxymethylierungsreaktion bei 200°C und 125°C sind in den folgenden Tab. 24 und 25 enthalten. Erwartungsgemäß nimmt die Umsetzungsgeschwindigkeit des n-Octens bei konstantem Druck (300 at) mit abnehmender Reaktionstemperatur stark ab. Innerhalb einer halben Stunde werden z. B. bei 200°C bereits ca. 90% und bei 125°C nur etwa 17% des Octens umgesetzt. Auch die Hydrierung des Aldehyds zum Alkohol läuft mit absinkender Temperatur langsamer ab.

Bei 200°C ist z. B. in 1½ Stunden nicht nur der n-Octen-Umsatz, sondern auch der Alkoholgehalt des Produktes 100prozentig. Bei 125°C enthält dagegen das Reaktionsprodukt nach eineinhalbstündiger Reaktionszeit nur 35% Alkohole – der Rest besteht aus Aldehyden.

3.8 Die durch Eisenpentacarbonyl-N-Methylpyrrolidin katalysierte Reaktion von n-Octen-1, Wasser und Kohlenoxid in Methanol als Lösungsmittel bei verschiedenen N-Methylpyrrolidin-Konzentrationen

Zum Schluß der vorliegenden Arbeit soll noch über den Einfluß der Amin-Konzentration auf die Reppe-Alkoholsynthese mit dem Eisenpentacarbonyl–N-Methylpyrrolidin-Katalysator (ohne Rhodium) berichtet werden. Bei diesen Versuchen wurde ein reaktionsförderndes Lösungsmittel Methanol eingesetzt, um die Bedeutung des Amins für die Reaktion besonders deutlich zu machen. In der Tab. 26 sind die Ergebnisse zusammengefaßt. Die Notwendigkeit des Amins für die Reppe-Alkoholsynthese geht daraus eindeutig hervor. Mit steigender Amin-Konzentration steigt auch die Ausbeute an Nonanolen. Die besten Ergebnisse (54% Ausbeute) ließen sich mit einer Amin-Konzentration von 150 Mol-% (bezogen auf das Olefin) erzielen (vgl. Versuch 26/5). Ein noch größerer Amin-Überschuß führte wieder zu schlechteren Ausbeuten.

Bei sehr geringen N-Methylpyrrolidin-Konzentrationen enthält das Produkt noch Aldehyde. Dieses Ergebnis steht in Einklang mit dem Befund von WENDER et al. [10], die bei der Umsetzung von Cyclopenten mit Eisenpentacarbonyl und einem Unterschuß an Natronlauge (Molverhältnis 1 : 3) ausschließlich Cyclopentylaldehyd erhielten. Wie der Versuch 26/1 zeigt, enthält das Reaktionsprodukt 92% Aldehyde, wenn man mit einer N-Methylpyrrolidin-Konzentration von ca. 9 Mol-% (bezogen auf das Olefin) arbeitet. Mit steigender Basenmenge verschwindet der Aldehyd im Reaktionsgemisch wieder. Diese Versuche weisen darauf hin, daß auch bei der eigentlichen Reppe-Alkoholsynthese mit Eisencarbonyl–Amin-Komplexkatalysator Aldehyde als intermediäre Stufe auftreten.

Die Isomerenverteilung im Reaktionsprodukt wird von der N-Methylpyrrolidin-Konzentration kaum beeinflußt. Es entstehen lediglich das lineare und das 2-methylverzweigte Isomer.

Tab. 26 Abhängigkeit der durch Eisenpentacarbonyl und N-Methylpyrrolidin katalysierten Reaktion von n-Octen-1 mit Wasser und Kohlenoxid von der eingesetzten Aminmenge*

Vers.-Nr.	N-Methylpyrrolidin** [Mol-%]	Ausbeute** (Nonanal–Nonanol-Gemisch) [%]	Zusammensetzung [%] der Reaktionsprodukte		Isomerenverteilung*** [%] in der Nonanalfraktion				Nonanolfraktion			
			Nonanale	Nonanole	1	2	3	4	1	2	3	4
26/1	9,8	4	92	8	77	23	–	–	67	33	–	–
26/2	18,8	16	18	82	65	35	–	–	78	22	–	–
26/3	37,5	23	–	100					77	23	–	–
26/4	75,0	39	–	100					78	22	–	–
26/5	150,0	54	–	100					74	26	–	–
26/6	225,0	43	–	100					75	25	–	–

* Konstante Reaktionsbedingungen: 175 °C, 200 at (CO-Kaltdruck), 3 Std. Reaktionszeit (2 Std. Aufheizzeit).
   Ansatz: n-Octen-1 = 67,2 g (0,6 Mol); H$_2$O = 27,0 g (1,5 Mol); Fe(CO)$_5$ = 11,8 g (0,06 Mol); Methanol (als Lösungsmittel) = 93 ml.
** Bez. auf n-Octen-1.
*** Vgl. Legende zu Tab. 5.

4. Allgemeine Vorschrift zur Durchführung der Hydrohydroxymethylierung von n-Octen und zur Analyse der Reaktionsprodukte

Die notwendigen Mengen an Reaktanten wurden in den entsprechenden Autoklaven gegeben. Nach Verschließen des Autoklaven wurde bis zum vorberechneten Druck Kohlenoxid aufgepreßt und das Reaktionsgemisch auf die gewünschte Temperatur aufgeheizt. Dabei war besonders zu beachten, daß die Aufheizperiode für eine gegebene Versuchsreihe möglichst konstant gehalten wurde. Erst nach Erreichen der Temperatur begann die eigentliche Reaktionszeit. Nach Beendigung der Reaktionsdauer ließ man den Autoklaven abkühlen und anschließend das restliche Gas abblasen. Das Reaktionsgemisch wurde aus dem Autoklaven herausgenommen und wie folgt aufgearbeitet:

Das eisgekühlte Reaktionsgemisch wurde zunächst zur Entfernung des Amins vorsichtig mit verdünnter Salzsäure behandelt, bis das Gemisch sauer reagierte. Bei Versuchen, bei denen niedersiedende, wasserlösliche Verbindungen wie Methanol, Aceton, Tetrahydrofuran etc. als Lösungsmittel dienten, wurden diese vor der Neutralisation zum größten Teil abdestilliert, damit sie beim Ansäuern mit verdünnter Salzsäure keine lösungsvermittelnde Wirkung ausüben konnten, was zu Ausbeuteverlusten geführt hätte. Da bei höhersiedenden Lösungsmitteln wie Dimethylformamid, Acetonitril usw. eine analoge destillative Entfernung vor der Neutralisation mit Schwierigkeiten verbunden war, wurden die Lösungsmittel während des Ansäuerns mit größeren Wassermengen ausgewaschen. Die organische Schicht wurde mit Wasser neutral gewaschen und nach Trocknen über wasserfreies Natriumsulfat fraktioniert destilliert.

Die bei 20 Torr zwischen 35–50°C siedende Fraktion war nicht umgesetztes n-Octen. Die Ölbadtemperatur betrug für den Hauptteil dieser Fraktion ca. 60–65°C und wurde mit fortschreitender Destillation langsam bis auf 80°C erhöht. Bei allen Versuchen mit Eisenpentacarbonyl enthielt die n-Octen-Fraktion stets geringe Mengen an mitgeschlepptem Eisencarbonyl, das auch nachträglich eine Isomerisierung des Olefins bewirken könnte. Da aber bei einer gegebenen Versuchsreihe die gleiche Aufarbeitungsprozedur angewendet wurde und es in erster Linie um eine Ermittlung eventueller Tendenzen in der Zusammensetzung der erhaltenen Fraktionen ging, wurde die durch die geringe Menge mitgeschleppten Eisencarbonyls hervorgerufene Verfälschung der Werte bezüglich der Ausbeute und Isomerenverteilung in der n-Octen-Fraktion als vernachlässigbar klein betrachtet.

Nach der destillativen Entfernung des n-Octen-Isomerengemisches auf obengenannte Weise wurde unter vollem Wasserstrahlpumpenvakuum das Nonanal–Nonanol-Gemisch bei einer Kopftemperatur von 70 bis 105°C von hochsiedenden Rückständen bzw. Katalysatorresten abdestilliert.

Sowohl die n-Octen- als auch die Nonanal–Nonanol-Fraktion wurde gaschromatographisch analysiert.

Bei den Versuchen zur Ermittlung des zeitlichen Verlaufs der Reaktion wurde so verfahren:

Die berechneten Mengen der Reaktionsteilnehmer wurden in einen 1-l-Stahl-Hubrührautoklaven gegeben. Der Autoklav wurde verschlossen, Kohlenoxid bis zum vorberechneten Druck aufgepreßt und das Gemisch unter Druck und Rühren auf die Reaktionstemperatur erhitzt. Der gewünschte CO-Heißdruck wurde gegebenenfalls durch Nachpressen von Kohlenoxid eingestellt. Dann wurden in bestimmten Zeitabständen mittels eines Tauchrohrs Proben entnommen, die jeweils nach Passieren eines mit Wasser gekühlten Druckkühlers in einer mit Aceton/Trockeneis gekühlten Kühlfalle gesammelt wurden. Um vergleichbare Ergebnisse zu erhalten, wurden die Aufheizperiode (ca. 45 min) und die jeweilige Probenmenge (ca. 80 ml) bei den Versuchen möglichst konstant gehalten. Eine Druckabnahme wurde stets durch Nachpressen von Kohlenoxid ausgeglichen. Jede Probe wurde, wie oben beschrieben, zur Entfernung des Amins mit verdünnter Salzsäure neutralisiert, mit Wasser nachgewaschen, über Natriumsulfat getrocknet und schließlich fraktioniert destilliert. Die erhaltenen Fraktionen, nämlich n-Octen-Isomerengemisch, Nonanal–Nonanol-Isomerengemisch und der Rückstand, wurden in Gew.-% angegeben, wobei die Summe der genannten Fraktionen 100 Gew.-% darstellte. Das Aldehyd–Alkohol-Gemisch wurde dann ebenfalls gaschromatographisch untersucht.

4.1 Gaschromatographische Untersuchung

Die Reinheit des durch Pyrolyse von n-Octylacetat hergestellten n-Octen-1 wurde gaschromatographisch unter den folgenden Bedingungen bestimmt:

Gerät:	Research Specialities Co. 60–10
Säule:	V 2 A-Stahlkapillare
	Länge = 100 m
	Innendurchmesser = 0,5 mm
	Füllung = Ucon LB 550 X
Detektor:	FID
Schreiber:	Honeywell 5-mV-Kompensationsschreiber
Betriebsbedingungen:	Kolonnentemperatur 35°C
	Verdampfertemperatur 100°C
	Einspritzmenge 0,1 µl
Trägergas:	Helium
Gasvordruck:	15 psi

Die Zusammensetzung der Octen-Isomerengemische wurde unter den folgenden Bedingungen ermittelt:

Gerät:	Research Specialities Co. 600 Series
Säule:	Stahlkapillare
	Länge = 18 m
	Innendurchmesser = 4,75 mm
	Außendurchmesser = 6,35 mm
	Füllung = 25% β,β'-Oxypropionitril, gesättigt mit $AgBF_4$, aufgetragen auf Chromosorb R 60–80 mesh
Detektor:	FID
Schreiber:	Honeywell 1 mV
Betriebsbedingungen:	Kolonnentemperatur 62°C
	Verdampfertemperatur 155°C
	Auslaßtemperatur 155°C
	Einspritzmenge 0,15 µl
Trägergas:	Helium, Gasvordruck 42 psi

Die Nonanal–Nonanol-Isomerengemische wurden unter den folgenden Bedingungen analysiert:

Gerät:	Perkin-Elmer Modell 116 E
Säule:	Stahlkapillare Länge = 100 m Innendurchmesser = 0,5 mm Füllung = Marlophen Nr. 26
Detektor:	FID
Betriebsbedingungen:	Kolonnentemperatur 120°C Verdampfertemperatur 230°C Durchfluß 16 ml/min Einspritzmenge 0,3 µl
Trägergas:	Helium, Gasvordruck 2 at

5. Zusammenfassung

Die Alkoholsynthese nach REPPE aus Olefinen, Kohlenoxid und Wasser (Hydrohydroxymethylierung) wurde am Beispiel der Reaktion mit n-Octen-1 eingehend untersucht. Dabei zeigte sich, daß mit dem Eisenpentacarbonyl–tert. Amin-Katalysatorsystem von REPPE eine Übertragung der Reaktion auf höhermolekulare Olefine praktisch nicht möglich ist. Durch Verwendung eines polaren Lösungsmittels wie Methanol, Acetonitril oder Dimethylformamid läßt sich zwar eine wesentliche Verbesserung erreichen, doch bleiben auch dann die Alkoholausbeuten mit maximal 50% nach dreistündiger Reaktionszeit noch unbefriedigend. Es wurde gefunden, daß sich das Eisencarbonyl-tert. Amin-Katalysatorsystem durch geringste Zusätze von Rhodiumverbindungen außerordentlich stark aktivieren läßt. Olefinumsätze und Alkoholausbeuten von ca. 95% bei Reaktionszeiten zwischen 1 und 2 Stunden sind möglich. N-Methylpyrrolidin ist als Aminkomponente des Katalysatorsystems besonders gut geeignet. Im Gegensatz zu der nur durch Eisencarbonyl–Amin bewirkten Reaktion, bei der, ausgehend von n-Octen-1, etwa 70% an unverzweigtem n-Nonanol-1 erhalten wurden, begünstigt das Rhodium im Mischkatalysator die Bildung von verzweigten primären C_9-Alkoholen. Mit dem rhodiummodifizierten Katalysatorsystem erhält man – abhängig vom gewählten Amin – 30–50% n-Nonanol-1 im C_9-Alkoholgemisch. Nebenreaktionen wie Hydrierung des Olefins oder »Dickölbildung« treten nicht auf.

Zur Klärung der Wirkungsweise des Rhodiums bei der Hydrohydroxymethylierung eines Olefins mit Kohlenoxid und Wasser wurden zahlreiche Versuche durchgeführt. Dabei gelang es erstmalig, bewirkt durch einen nur aus Rhodium und Amin bestehenden Komplexkatalysator, ein Olefin mit Kohlenoxid und Wasser in hoher Ausbeute in ein Aldehyd–Alkohol-Gemisch überzuführen. Auch hier treten keine Nebenreaktionen wie Kondensationen, Keton- oder Carbonsäurebildung auf. Weiterhin stellte sich bei den Untersuchungen heraus, daß in dem Eisen–Rhodium–Amin-Mischkatalysator das Rhodium die führende Rolle als Carbonylierungsagens des Olefins spielt, während das Eisencarbonyl hauptsächlich die Reduktion der primär gebildeten Aldehyde zu den

Alkoholen bewirkt. Das tert. Amin ist für beide Schritte der Reaktion eines Olefins mit Kohlenoxid und Wasser unerläßlich. Die Versuchsergebnisse zeigen weiterhin, daß man die Wirkung der beiden Katalysatormetalle nicht unabhängig voneinander betrachten darf, sondern daß ein echter »Synergismus« zwischen ihnen besteht. Weitere interessante Einblicke in den Verlauf der Reaktion gewährte schließlich ein kinetisches Studium der Reaktion unter den verschiedensten Bedingungen.

6. Literaturverzeichnis

[1] Reppe, W., (BASF): DBP 890942 (1953).
[2] Reppe, W., Experientia **1949**, 93–110.
[3] Reppe, W., Neue Entwicklungen auf dem Gebiet der Chemie des Acetylens und Kohlenoxyds, Springer Verlag, Berlin–Göttingen–Heidelberg 1949, Seite 117, sowie Reppe, W., und H. Vetter, Liebigs Ann. Chem. **582**, 133 (1953).
[4] Vgl. z. B. Falbe, J., Synthesen mit Kohlenmonoxid, Springer Verlag 1967.
[5] Kutepow, N. v., und H. Kindler, Angew. Chemie **72**, 802 (1960).
[6] Kropf, H., Chemie-Ing.-Techn. **38**, 837–845 (1966).
[7] Reppe, W., N. v. Kutepow und M. Heintzeler (BASF), DBP 874301 (1953), C.A. **50**, 7122c (1956).
[8] Reppe, W. (BASF), DBP 839800 (1952), C.A. **52**, 10216 (1958).
[9] Reppe, W., M. Heintzeler, N. v. Kutepow und T. Toepel (BASF), DBP 921931 (1955), C.A. **52**, 13774 (1958).
[10] Wender, I., und H. W. Sternberg, Advances in Catalysis 9, 594–608 (1957), vgl. auch J. Amer. chem. Soc. **79**, 6116 (1957).
[11] Matsuda, T., und N. Nakamura, Kogyo Kagaku Zasshi **1968**, 71 (4), 511–515, C.A. **69**, 4800 (1968).
[12] Hieber, W., Naturforsch. Med. Dtschl. 1939–1946, Band 36, 146, Fußnote 308.
[13] Hieber, W., Angew. Chem. **64**, 465 (1952).
[14] Hieber, W., Angew. Chem. **72**, 795 (1960).
[15] Hieber, W., J. Sedlmeier und R. Werner, Chem. Ber. **90**, 278 (1957).
[16] Hock, H., und H. Stuhlmann, Chem. Ber. **62**, 431 (1929).
[17] Feigl, F., und P. Krumholz, Mh. **59**, 314 (1932).
[18] Feigl, F., und P. Krumholz, Z. anorg. allgem. Chem. **215**, 242 (1933).
[19] Hieber, W., F. Leutert und E. Schmidt, Z. anorg. allgem. Chem. **204**, 145 (1932).
[20] Hieber, W., und G. Brendel, Z. anorg. allgem. Chem. **289**, 338 (1957).
[21] Krumholz, P., und H. M. A. Stettiner, J. Amer. chem. Soc. **71**, 3035 (1949).
[22] Sternberg, H. W., R. Markby und I. Wender, J. Amer. chem. Soc. **78**, 5704 (1956).
[23] Hieber, W., und J. G. Floss, Chem. Ber. **90**, 1617 (1957).
[24] Hieber, W., und N. Kahlen, Chem. Ber. **91**, 2223 (1958).
[25] Hieber, W., und A. Lipp, Chem. Ber. **92**, 2075 (1959).
[26] Edgell, W. F., M. T. Yang, B. J. Bulkin, R. Bayer und N. Koizumi, J. Amer. chem. Soc. **87**, 3080 (1965).
[27] Edgell, W. F., et al., J. Amer. chem. Soc. **88**, 4839 (1966).
[28] Heintzeler, M., und N. v. Kutepow (BASF), DBP 948058 (1956), C.A. **53**, 6054 (1959).
[29] Heintzeler, M. (BASF), DBP 928044 (1955), C.A. **52**, 3284 (1958).
[30] Kröper, H., in Houben-Weyl, Methoden der organischen Chemie, Georg Thieme Verlag, Stuttgart 1955, Bd. IV/2, S. 392.
[31] Asinger, F., B. Fell und G. Collin, Chem. Ber. **96**, 716 (1963).
[32] Asinger, F., B. Fell und K. Schrage, Chem. Ber. **98**, 372 (1965).

[33] ASINGER, F., und B. FELL, Erdöl und Kohle, Erdgas, Petrochemie **19**, 406 (1966)
[34] MANUEL, T. A., J. org. Chemistry **27**, 3941 (1962).
[35] EMRSON, G. F., J. E. MAHLER, R. KOCHHAR und R. PETTIT, J. org. Chemistry **29**, 3620 (1964).
[36] KING, R. B., J. inorg. nucl. Chem. **16**, 233 (1961).
[37] EMERSON, G. F., und R. PETTIT, J. Amer. chem. Soc. **84**, 4591 (1962).
[38] GOETZ, R. W., und M. ORCHIN, J. Amer. chem. Soc. **85**, 1549 (1963).
[39] DAMICAO, R., und T. J. LOGAN, J. org. Chemistry **32** (7), 2356–8 (1967).
[40] DAHL, L. F., und J. F. BLOUNT, Inorg. Chem. **4**, 1373 (1965).
[41] ERICKSON, N. E., und A. W. FAIRHALL, Inorg. Chem. **4**, 1320 (1965).
[42] REED, H. W. B., und P. O. LENEL, Brit. Pat. 794067 (1957), C.A. **53**, 218 (1959).
[43] COX, G. F., und G. H. WHITFIELD (ICI), Brit. Pat. 999461 (1965), C.A. **63**, 9811 (1965).
[44] REPPE, W., T. TOEPEL, N. v. KUTEPOW und H. Ross (BASF), DBP 921932 (1955), C.A. **52**, 13774 (1958).
[45] KUTEPOW, N. v., und H. KINDLER (BASF), DAS 1114797 (1961), C.A. **57**, 2076 (1962).
[46] KUTEPOW, N. v., und H. KINDLER (BASF), DAS 1114796 (1961), C.A. **57**, 2076 (1962).
[47] KINDLER, H., und H. G. TRIESCHMANN (BASF), DAS 1100631 (1961), C.A. **57**, 9665 (1962).
[48] KINDLER, H., und L. SCHLECHT (BASF), DAS 1124931 (1962), C.A. **57**, 5804 (1963).
[49] KINDLER, H., und W. BÜCHE (BASF), DAS 1138027 (1962), C.A. **58**, 7830 (1963).
[50] BÜCHE, W., et al. (BASF), U.S. Pat. 2985686 (1961), vgl. C.A. **54**, 4082 (1960).
[51] BÜCHE, W., und H. KINDLER (BASF), DAS 1016235 (1957), C.A. **54**, 4082 (1960).
[52] KINDLER, H. (BASF), DAS 1067434 (1959), vgl. auch KINDLER, H., U. S. Pat. 2894037 (1959), C.A. **53**, 19329 (1959).
[53] KINDLER, H., und H. G. TRIESCHMANN (BASF), DAS 1088038 (1960), C.A. **55**, 20263 (1961).
[54] WIBAUT, J. P., A. J. v. PELT jr., A. D. SANTILHANO und W. BENSKENS, Rec. Trav. chim. Pays-Bas **61**, 265 (1942).
[55] BENSON, R. E., und B. E. MCKUSIC, Org. Synthesis **38**, 78–80 (1958).
[56] BAILEY, W. J., und J. ECONOMY, J. org. Chemistry **23**, 1002 (1958).
[57] ROYALS, E. E., J. org. Chemistry **23**, 1822 (1958).
[58] BARTON, D., J. Amer. chem. Soc. **71**, 2174 (1949).
[59] ASINGER, F., Ber. dtsch. chem. Ges. **75**, 1244 (1942).
[60] Du PONT, Fr. Pat. 860398 (1940), C. **1941**, I, 3643.
[61] Vgl. auch Dissertat. W. SEIDE, Techn. Hochschule Aachen 1969 (Institut für Technische Chemie und Petrolchemie) und Dissertat. V. VOGT, Techn. Hochschule Aachen 1970 (Institut für Technische Chemie und Petrolchemie).
[62] Vgl. M. E. VOL'PIN und J. S. KOLOMNIKOV, Russian Chemical Reviews **38** (4), 273 (1969).
[63] BOOTH, B. L., H. GOLDWHITE und R. N. HASZELDINE, J. chem. Soc. **1966**, 1447.
[64] Vgl. z. B. Dissertat. W. RUPILIUS, Techn. Hochschule Aachen 1969 (Institut für Technische Chemie und Petrolchemie).
[65] IMYANITOV, N. S., und D. M. RUDKOVSKII, Zh. Prikl. Khim. **40**, 2020 (1967), C.A. **68**, 95367r (1968).
[66] ALDERSON, T. (DU PONT), U.S. Pat. 3020314 (1962), C.A. **56**, 9969 (1962).
[67] IMYANITOV, N. S., et al., Zh. Prikl. Khim. **40**, 2821 (1967), C.A. **68**, 86804 (1968).
[68] IMYANITOV, N. S., und D. M. RUDKOVSKII, Zh. Prikl. Khim. **39**, 2811 (1966), C.A. **66**, 7060 (1967).
[69] HIEBER, W., und H. LAGALLY, Z. anorg. allg. Chem. **252**, 96 (1943).
[70] HEIL, B., und L. MARKO, Chem. Ber. **99**, 1086 (1966).
[71] HEIL, B., und L. MARKO, Acta chim. Acad. Sci. hung. **55** (1), 107–16 (1968), C.A. **68**, 77430b (1968).
[72] SCHMAHL, N. O., und E. MINZL, Z. physik. Chem. **41**, 78 (1964).
[73] WENDER, I., und P. PINO, Organic Synthesis via Metal Carbonyls, Vol. 1, Interscience Publishers 1968, S. 16.
[74] TABESADA, M., et al., Bull. chem. Soc. Japan **41**, 270 (1968), C.A. **68**, 114706 (1968).

[75] Bath, S. S., und L. Vaska, J. Amer. chem. Soc. **85**, 3500 (1963).
[76] Griffith, W. P., The chemistry of the rarer platinum metals, Interscience Publishers 1967, S. 368.
[77] Nesmeyanov, A. N., et al., Zh. neorg. Khim. **4**, 249 (1959), C.A. **53**, 12907c.
[78] Cotton, J. D., et al., J. chem. Soc. (A), **1967**, 264.
[79] Evans et al., Chem. Commun. **1967**, 186.
[80] Chini, P. L. Colli und M. Peraldo, Gazz. chim. ital. **90**, 1005 (1960); vgl. auch Chim. e ind. **42**, 137 (1960), C.A. **55**, 24363 (1961).
[81] Mays, M. J., und R. N. F. Simpson, Chem. Commun. **1967**, 1024.
[82] Knight, J., und M. J. Mays, Chemistry and Industry **1968**, 1159.
[83] Yawney, D. B. W., und F. G. A. Stone, Chem. Commun. **1968**, 619.

Forschungsberichte des Landes Nordrhein-Westfalen

Herausgegeben im Auftrage des Ministerpräsidenten Heinz Kühn
von Staatssekretär Professor Dr. h. c. Dr. E. h. Leo Brandt

Sachgruppenverzeichnis

Acetylen · Schweißtechnik
Acetylene · Welding gracitice
Acétylène · Technique du soudage
Acetileno · Técnica de la soldadura
Ацетилен и техника сварки

Arbeitswissenschaft
Labor science
Science du travail
Trabajo científico
Вопросы трудового процесса

Bau · Steine · Erden
Constructure · Construction material ·
Coil research
Sonstruction · Matériaux de construction ·
Recherche souterraine
La construcción · Materiales de construcción ·
Reconocimiento del suelo
Строительство и строительные материалы

Bergbau
Mining
Exploitation des mines
Minería
Горное дело

Biologie
Biology
Biologie
Biologia
Биология

Chemie
Chemistry
Chimie
Quimica
Химия

Druck · Farbe · Papier · Photographie
Printing · Color · Paper · Photography
Imprimerie · Couleur · Papier · Photographie
Artes gráficas · Color · Papel · Fotografía
Типография · Краски · Бумага · Фотография

Eisenverarbeitende Industrie
Metal working industry
Industrie du fer
Industria del hierro
Металлообрабатывающая промышленность

Elektrotechnik · Optik
Electrotechnology · Optics
Electrotechnique · Optique
Electrotécnica · Optica
Электротехника и оптика

Energiewirtschaft
Power economy
Energie
Energía
Энергетическое хозяйство

Fahrzeugbau · Gasmotoren
Vehicle construction · Engines
Construction de véhicules · Moteurs
Construcción de vehículos · Motores
Производство транспортных средств

Fertigung
Fabrication
Fabrication
Fabricación
Производство

Funktechnik · Astronomie
Radio engineering · Astronomy
Radiotechnique · Astronomie
Radiotécnica · Astronomía
Радиотехника и астрономия

Gaswirtschaft
Gas economy
Gaz
Gas
Газовое хозяйство

Holzbearbeitung
Wood working
Travail du bois
Trabajo de la madera
Деревообработка

Hüttenwesen · Werkstoffkunde
Metallurgy · Materials research
Métallurgie · Matériaux
Metalurgia · Materiales
Металлургия и материаловедение

Kunststoffe
Plastics
Plastiques
Plásticos
Пластмассы

Luftfahrt · Flugwissenschaft
Aeronautics · Aviation
Aéronautique · Aviation
Aeronáutica · Aviación
Авиация

Luftreinhaltung
Air-cleaning
Purification de l'air
Purificación del aire
Очищение воздуха

Maschinenbau
Machinery
Construction mécanique
Construcción de máquinas
Машиностроительство

Mathematik
Mathematics
Mathématiques
Matemáticas
Математика

Medizin · Pharmakologie
Medicine · Pharmacology
Médecine · Pharmacologie
Medicina · Farmacología
Медицина и фармакология

NE-Metalle
Non-ferrous metal
Metal non ferreux
Metal no ferroso
Цветные металлы

Physik
Physics
Physique
Física
Физика

Rationalisierung
Rationalizing
Rationalisation
Racionalización
Рационализация

Schall · Ultraschall
Sound · Ultrasonics
Son · Ultra-son
Sonido · Ultrasónico
Звук и ультразвук

Schiffahrt
Navigation
Navigation
Navegación
Судоходство

Textilforschung
Textile research
Textiles
Textil
Вопросы текстильной промышленности

Turbinen
Turbines
Turbines
Turbinas
Турбины

Verkehr
Traffic
Trafic
Tráfico
Транспорт

Wirtschaftswissenschaften
Political economy
Economie politique
Ciencias económicas
Экономические науки

Einzelverzeichnis der Sachgruppen bitte anfordern

Westdeutscher Verlag · Köln und Opladen
567 Opladen/Rhld., Ophovener Straße 1–3, Postfach 1620

If you have any concerns about our products,
you can contact us on
ProductSafety@springernature.com

In case Publisher is established outside the EU,
the EU authorized representative is:
**Springer Nature Customer Service Center GmbH
Europaplatz 3, 69115 Heidelberg, Germany**

Printed by Libri Plureos GmbH
in Hamburg, Germany